Alexander Kühne

Allgemeinwissen für mehr Erfolg!

Deine Allgemeinbildung mit den besten Lerntechniken verbessern und intelligenter werden. Weiterbildung in Schule, Studium und Beruf, mit Quiz und den besten Fakten.

RedFOX
VERLAG

www.redfox-verlag.de

ISBN: 9798581546758

WICHTIG!

Eine geheimnisvolle Tabelle!

Bitte erst einmal ignorieren!

1 B	2 A	3 C	4 B	5 A
6 B	7 A	8 C	9 A	10 A
11 C	12 C	13 A	14 B	15 A
16 B	17 A	18 B	19 C	20 C
21 B	22 A	23 A	24 C	25 B
26 A	27 A	28 A	29 C	30 A
31 B	32 A	33 B	34 A	35 C
36 A	37 B	38 C	39 A	40 B
41 B	42 C	43 A	44 A	45 B
46 A	47 B	48 A	49 A	50 B

51 B	**52 B**	**53 A**	**54 B**	**55 C**
56 B	**57 B**	**58 C**	**59 B**	**60 A**
61 A	**62 A**	**63 B**	**64 A**	**65 C**
66 C	**67 C**	**68 A**	**69 B**	**70 A**
71 A	**72 C**	**73 A**	**74 A**	**75 A**

Diese Tabelle wird dir erst einmal nicht viel sagen. Sie kommt erst zum Tragen, wenn du dich mit dem Buch intensiv beschäftigt hast. Also erst einmal ignorieren.

Befasse dich zuerst einmal in Ruhe mit diesem Buch. Am Ende wird das Geheimnis dieser Tabelle aufgelöst!

Inhalt

Vorwort

Liebe Leserin, lieber Leser

- Warum hast du dieses Buch gekauft?
- Betrachtest du ein umfassendes Allgemeinwissen als sehr wichtig?
- Wofür wird ein gutes Allgemeinwissen überhaupt benötigt?

Viele Fragen, auf die es vermutlich viele Antworten geben wird. Ich selbst habe diese Fragen in meinem Bekannten- und Freundeskreis gestellt und eher schwammige und vor allem individuelle Antworten erhalten. Alle Antworten trafen aber in ihrem Kern eine wichtige Erkenntnis:

Allgemeinbildung ist nicht nur heute, auch in der Zukunft wichtig!

Es stellen sich aber noch viele weitere Fragen, zu denen es plausible Antworten gibt, z. B:

- Woher kommt eine gute Allgemeinbildung? Antwort: Natürlich aus der Schulzeit.
- Ist von damals alles „hängen geblieben"? Antwort: Vermutlich nicht.
- Fällt dir selbst die eine oder andere Wissenslücke auf? Antwort: Ja.

In deinem eigenen Interesse solltest du dein Allgemeinwissen nicht nur regelmäßig auffrischen, sondern aktuell immer auf den neuesten Stand bringen. Die Ergebnisse aus umfassenden Studien haben ergeben, dass ein gutes Allgemeinwissen dazu beiträgt, dass du von deinen Mitmenschen besser wahrgenommen wirst. Ganz nebenbei kann ein gutes Allgemeinwissen auch sehr nützlich sein, u. a. in beruflichen Situationen. Stelle dir einen Bewerber in einem Vorstellungsgespräch vor. Ist es dabei nicht von Vorteil durch ein gutes Allgemeinwissen zu glänzen? Bieten sich nicht auch Vorteile bei persönlichen Kontakten, wenn man „mitreden" kann? Wieder Fragen, auf die es erneut mehrere Antworten geben wird.

Dieses Buch soll dir dabei helfen, nicht nur dein Allgemeinwissen aufzufrischen, sondern auch Hilfsmittel an die Hand geben um zu verstehen, wie ….

… dein Gehirn beim Lernen funktioniert.

… du dein Gedächtnis trainieren kannst.

… du das Erlernte im Gedächtnis dauerhaft speichern kannst.

Dafür sollte dir aber klar sein, wie dein Gehirn funktioniert, wie dein Gedächtnis mit Informationen umgeht und wie du diese wieder abrufen kannst. Den Weg dahin zeigt dir der erste Teil dieses

Buches auf. Der zweite Teil befasst sich dann mit wichtigen Themen, die für ein Allgemeinwissen nötig wären.

Beachte dabei!

Allgemeinwissen kann man nicht nur erlernen, es kann auch trainiert werden!

Das **Lernen** dürfte dabei für dich der einfachste Teil dieser Kernaussage sein. So kannst du u. a.:

- Nachrichten in den Tageszeitungen lesen oder im Fernsehen verfolgen
- Wissenschaftliche Bücher oder Ausarbeitungen lesen
- Fachvorträge besuchen
- Im Internet recherchieren

usw., usw., ...

Etwas schwieriger gestaltet sich das **Training** deines Allgemeinwissens, dessen Erfolg einerseits in dem Lernverhalten deines Gehirns steht (hierzu später weitere Informationen), andererseits durch Wiederholungen deines bereits erfahrenen Wissens gefördert wird. Dazu solltest du wissen, dass in deinem Gehirn sehr viel Wissen gespeichert ist. Man spricht heutzutage nicht umsonst von der Festplatte beim Menschen. So ganz verkehrt ist diese Aussage nicht. Das Wissen ist im Gehirn gespeichert, emotionsfrei und abrufbar. Das Wissen besteht aus unterschiedlichsten Gebieten, z. B.: Geschichte, Kunst, Politik, Sport usw. Wie bei einer Festplatte kann man dieses Wissen abrufen und damit trainieren. Ich habe mir selbst viele Fragen zum Allgemeinwissen gestellt und das so lange, bis ich schließlich dieses Buch verfasst habe, in dem vieles für das Training angesprochen wird.

Warum habe ich es mir schlussendlich zur Aufgabe gemacht, anderen Menschen beim Training ihres Allgemeinwissens zu helfen? Die Antwort ist einfach: Ich hatte selbst einmal Probleme damit. Als ich zum Studium ging, schienen plötzlich alle um mich herum viel schlauer als ich zu sein. Ich kam mir oft dumm vor, weil ich bei Diskussionen nicht viel beisteuern konnte und gerade so durch die Prüfungen kam, während andere nur gute Noten bekamen. Dieses Gefühl dumm zu sein schwächte allerdings meine Motivation, wodurch ich in eine Abwärtsspirale kam und noch schlechter wurde, mich noch dümmer den anderen gegenüber fühlte und noch weniger Motivation hatte. Irgendwann machte ich einen IQ-Test und siehe da: Ich war gar nicht so dumm, ganz im Gegenteil. Also beschäftigte ich mich mit dem Thema Lernen und Intelligenz immer intensiver. Ich fand heraus, dass ich bis jetzt einfach die falschen Lernmethoden hatte. Als ich einmal die Richtigen für mich entdeckt hatte, schien ich plötzlich viel mehr Wissen zu haben. Ich fühlte mich den anderen Studenten gegenüber nicht mehr unterlegen und diskutierte freudig mit. Leider bin ich mit dieser Geschichte kein Einzelfall. Viele haben bereits in der Schule oder auch später im Beruf Probleme damit, sich Wissen anzueignen und erst recht Allgemeinwissen. Ich möchte jedem, der etwas daran ändern möchte eine Chance geben, dies ganz einfach zu tun. Natürlich ist es wichtig, dass du die Sache ernst nimmst, um Erfolge zu erzielen. Trotzdem wette ich, dass du bereits schwierigere Dinge in deinem Leben gemeistert hast. Dein größtes Hindernis bist du selbst, wenn du denkst, dass du es nicht schaffst. Lass dich darauf ein und verlange keine Perfektion von dir selbst. Nimm dir die Zeit, die du brauchst, um das Buch lesen und verarbeiten zu können.

Einleitung

Wie bereits im Vorwort erwähnt, hat jeder seine eigene Definition für Allgemeinbildung. Deshalb ist es hilfreich, für eine genauere Definition Lexika zur Hilfe zu nehmen. So definiert der Duden den Begriff Allgemeinbildung als *„allseitige Bildung"* oder auch als *„nicht berufs-* oder *„fachbezogenen Teil der Bildung"*. Eine ähnliche Definition liefert das Online-Wörterbuch *„Wortbedeutung.info"*. Hier wird das Allgemeinwissen als ein *„vielseitiges, nicht fachspezifisches Grundwissen"* bezeichnet, das sich jeder aneignen sollte. Allgemeinbildung ist dabei der Gegensatz zur Expertise. Obwohl es Gegensätze sind, hängen beiden Konstrukte eng zusammen. Im Regelfall benötigt man zuerst das Allgemeinwissen, bevor man zum Experten wird.

Das beste Beispiel hierfür ist die Schule. Hier werden u. a. Grundrechenarten vermittelt, die man im späteren Leben, z. B. im Umgang mit Geld benötigt. Vermittelt werden in der Schule auch die Kompetenzen im Lesen und Schreiben, die man ebenfalls im späteren Leben einsetzt. Ohne diese Grundbildung wird es dir schwerfallen, Fachwissen zu erwerben. Jedoch geht Allgemeinwissen auch über die Grundschule hinaus. In Deutschland geht die Allgemeinbildung bis zur 9. Klasse. Aber auch die Inhalte bis zur 9. Klasse umfassen nicht alles, was als

Allgemeinwissen deklariert wird. Außerdem kommt hinzu, dass sich die Inhalte des Allgemeinwissens auch verändern können. Seit 2005 gehört es beispielsweise zum Allgemeinwissen, dass Angela Merkel Bundeskanzlerin von Deutschland ist. Vor tausend Jahren gab es Angela Merkel allerdings noch nicht, und niemand konnte wissen, dass sie einmal Bundeskanzlerin von Deutschland wird. Das Allgemeinwissen heute ist also ein anderes als vor tausend Jahren, und es wird sich auch in den nächsten Jahren stetig weiter verändern. Warum solltest du es dir dann aneignen, wenn es sich ständig verändert? Zum einen gibt es Dinge, die sich nicht so schnell verändern, wie z. B. die Grundrechenarten oder die Sprache. Zum anderen gibt es Dinge, die trotz Veränderung allein von ihrer Bedeutung wichtig für das Allgemeinwissen sind. Eine Umfrage des *Forsa-Instituts* im Auftrag von *GEO kompakt* ergab, dass 95% der deutschen Bevölkerung ein gutes Allgemeinwissen als sehr hilfreich empfinden, um besser mitreden zu können. 92% glauben sogar, dass gutes Allgemeinwissen das persönliche Selbstbewusstsein erhöht. Weitere 82% gehen davon aus, dass eine sehr gute Allgemeinbildung im Berufsleben weiterhilft oder die Karrierechancen erhöht.

Vom Philosophen *Francis Bacon (geb. 22.Januar 1561 – gest. 9. April 1626)* stammt nicht umsonst das Zitat *„Wissen ist Macht"*. Und damit hatte er recht. Denn wer nichts weiß, muss sich immer auf andere verlassen. Damit habe Menschen Macht über andere. Sie können einerseits die richtigen Dinge erzählen, sie können andererseits wichtige Dinge auslassen oder auch schlichtweg Falsches erzählen. Der Unwissende wird es nicht merken, da er sich auf die anderen verlassen muss.

Wichtig!

Wer Wissen hat, ist Herr seiner selbst!

Dies gilt vor allem für das Allgemeinwissen, denn es hilft, dass du dich im Alltag zurechtfinden kannst. Stell dir einmal vor, du hättest deinen gesamten Wissensstand, den du im Laufe der Jahre angesammelt hast, nicht mehr zur Verfügung.

- Wie würdest du dich dann in dieser Welt fühlen?
- Machst du dann alles richtig, um zu überleben?

Ich hoffe, durch diese kleine Überlegung ist es dir besonders klar geworden, wie wichtig Wissen und im speziellen Allgemeinwissen ist. Diese Erkenntnis wird dir beim Lesen und Lernen dieses Buches helfen.

WIE LERNT MEIN GEHIRN?

Wer das Lernen verbessern will, muss es auch verstehen. Deshalb möchte ich dir kurz die Welt des Lernens vorstellen. Um die Funktion des Lernens zu verstehen, betrachten wir erneut bestimmte Definitionen. Der Duden bezeichnet den Begriff Lernen als *„sich Wissen, Kenntnisse aneignen, und sich seinem Gedächtnis einprägen"* und daraus *„Fertigkeiten erwerben"*. Etwas genauer beschrieben wird das Lernen aus der Sicht der Lernpsychologie. Lernen ist hier die stabile Veränderung des Verhaltens eines Lebewesens in Abhängigkeit von seiner Erfahrung. Durch diese Definition wird also beschrieben, dass Lernen keine zufällige Veränderung ist und es ohne Umwelt kein Lernen gibt. Nun wissen wir aber noch nicht, wie erfolgreiches Lernen genauer aussieht. Auch hier hat die pädagogische Psychologie eine Antwort darauf: Erfolgreiches Lernen erfolgt aktiv, selbstgesteuert, konstruktiv, situiert und sozial. Diese fünf Schlagworte erklären sich folgendermaßen:

- *„Aktiv"* steht für die vertiefte Informationsverarbeitung von Lerninhalten. (Näheres hierzu später!)
- *„Selbstgesteuert"* bedeutet, dass das Lernen zum einen von dir selbst ausgehen muss und zum anderen, dass du nicht nur bereit dafür sein musst, sondern es auch willst.

- *„Konstruktiv"* beschreibt die Situation eines Hineindenkens in die Materie. Niemand kann eine Wissensstruktur sofort zu 100 Prozent erwerben.
- „Situiert" bedeutet, dass Lernen immer an konkrete Situationen gebunden ist. (Auch hierzu Näheres später).
- „Sozial" bezieht sich darauf, dass Lernen in soziale Prozesse eingebettet und auch sozial motiviert ist.

Doch was geschieht im Gehirn beim Lernen? Der Prozess des Lernens lässt sich dabei in Abschnitte unterteilen. Es gibt unterschiedliche Bereiche des Gedächtnisses, die auf bestimmte Tätigkeiten spezialisiert sind. Der weiter Fokus liegt aber ausschließlich nur auf den Erwerb von Wissen.

Wir fangen an mit dem *„sensorischen Gedächtnis"*. Wahrscheinlich hast du schon selbst erlebt, dass du bei einer großen Zahl von Reizen, z.B. Buchstaben oder Zahlen, die dir nur sehr kurz dargeboten werden, diese direkt danach (also innerhalb der nächsten Sekunde) zum großen Teil wiedergeben kannst. Nach mehreren Sekunden allerdings kannst du schon deutlich weniger wiedergeben. Aus diesem Phänomen schließt man, dass es einen sogenannten *„sensorischen Speicher"* geben muss, der jedoch nur wenige Millisekunden aktiv ist. Trotzdem hat er eine große Speicherkapazität, die nützlich ist, um

Reize, die von deinen Sinnesorganen wahrgenommen werden, mit vorhandenen Mustern zu vergleichen und richtig einzuordnen. Man kann sich das so vorstellen, dass diese Reize so lange wiederholt werden bis immer mehr Ordnung entsteht und Einheiten sich miteinander verketten. Durch dieses miteinander vernetzen und verketten werden wieder neue Informationen erzeugt, die allerdings auch Ressourcen benötigen. Das bedeutet aber im Umkehrschluss: je mehr Reize einströmen, desto weniger Platz bleibt für Zusammenschlüsse dieser Reize und auch weniger Reize werden definitiv behalten. Denn nur Zusammenschlüsse können als Reize behalten werden, trotz des eigentlich raschen Verlusts innerhalb von Sekunden und Minuten.

Die Reize werden danach aus dem *„sensorischen Gedächtnis"* in das *„Kurzzeitgedächtnis"*, auch als *„Arbeitsgedächtnis"* bezeichnet, weitergeleitet. Das *„Kurzzeitgedächtnis"* hat, wie die Bezeichnung bereits ausdrückt, lediglich eine begrenzte Speicherkapazität. Ein psychologisches Hilfsmittel, um effektiv mehr im Kurzzeitgedächtnis zu behalten ist das *„Chunking"*, auch als *„Gedächtnis – Tuning"* bezeichnet. Unter dem *„Chunking"* versteht man die Bündelung der Reize und Informationen zu plausiblen Einheiten, sogenannte „Chunks", die nach Weiterleitung ins *„Kurzzeitgedächtnis"* besser verarbeitet werden können. Wichtig für das *„Chunking"* ist aber, dass es Beziehungen zwischen den Reizen geben muss. Je mehr Beziehungen zwischen den Reizen entwickelt werden, desto größer ist die Wahrscheinlichkeit, dass die gebündelten Inhalte aus dem *„Kurzzeitgedächtnis"* auf die nächste Speicherplattform übertragen werden.

Bei dieser Plattform handelt es sich um das *„Langzeitgedächtnis"*. In einem physischen Beispiel aus dem täglichen Leben kann man diese Situation mittels einer handelsüblichen Sanduhr nachstellen. Im oberen Teil der Sanduhr befinden sich das *„sensorische Gedächtnis"* mit den Reizen und den Informationen (Zahlen und Buchstaben). Den unteren Teil der Sanduhr bildet das leistungsfähige *„Langzeitgedächtnis"*. Die Verengung zwischen beiden Teilen hat erkennbar nur ein begrenztes Fassungsvermögen und entspricht der begrenzten Speicherkapazität vom *„Kurzzeitgedächtnis"*. Neurowissenschaftler haben ermittelt, dass ohne Training maximal neun Einheiten (Buchstaben oder Zahlen) aus dem *„sensorischen Gedächtnis"* heraus an das *„Kurzzeitgedächtnis"* weitergeleitet werden.

Das *„Langzeitgedächtnis"* unterscheidet sich durch zwei Einheiten, dem *„deklarativen Gedächtnis"* sowie dem *„prozeduralen Gedächtnis"*. Das *„deklarative Gedächtnis"* besteht aus dem *„episodischen Gedächtnis"*, zuständig für Erlebtes und Situationen und dem *„semantischen Gedächtnis"*, zuständig für Konzepte und Verständnis. Das *„semantische*

Gedächtnis" speichert also, denn dieses umfasst das Allgemeinwissen.

Das *„prozedurale Gedächtnis"* benötigt zwar weniger Aufmerksamkeit und weniger Anstrengung, kann daher aber auch nur schwer auf Kommando abgerufen werden. Das *„deklarative Gedächtnis"* dagegen ist das bewusste Wissen von Fakten und Informationen. Das *„semantische Gedächtnis"* ist der Bereich, der das Allgemeinwissen speichert. Das *„prozedurale Gedächtnis"* lässt sich ebenfalls in zwei Bereiche teilen. Das *„kognitive Gedächtnis"* ist dabei zuständig für Abläufe und Strategien, das *„motorische Gedächtnis"* für Bewegungen und Handlungen.

Inhalte, die es ins *„Langzeitgedächtnis"* schaffen, müssen tief verarbeitet werden. Zwar braucht die umfangreiche Bildung von Zusammenhängen und die Analyse von Bedeutungen mehr Zeit, dafür bleiben diese Inhalte auch stabiler. Es ist also sinnvoll, Inhalte möglichst häufig zu verknüpfen und sich hierfür ausreichend Zeit zu nehmen. Denn wie bereits erwähnt, hat das *„Langzeitgedächtnis"* keine Grenzen. Informationen im *„Langzeitgedächtnis"* zu behalten ist nicht das Problem, sie aber dorthinein zu übertragen schon. Allerdings ist die Reproduktion aus dem *„Langzeitgedächtnis"* mit Problemen verbunden, denn hierzu müssen die Informationen zurück in das *„Kurzzeitgedächtnis"* mit seinen bereits beschriebenen Problemen transportiert werden. Ein direkter Abruf aus dem *„Langzeitgedächtnis“* ist nicht möglich.

Wenn du Lernen hörst, verbindest du das vermutlich mit dem auswendig lernen von Gedichten, dem durchackern von Unmengen an Fachliteratur und üben, üben und noch einmal üben. Damit hast du aber nur teilweise recht.

Lernen, das aktiv und willentlich betrieben wird, nennt man *„explizites (ausdrückliches) Lernen“*. Aber nicht alles lernt man explizit. Viele Dinge im Leben werden auch *„implizit (nicht ausdrücklich)“* gelernt. Implizites Lernen erfolgt ohne aktiven Willen und unbewusst. Einfach ausgedrückt lernt man „aus Versehen“. Sowohl das implizite als auch das explizite Lernen beziehen sich dabei auf unterschiedliche Gedächtnissysteme. Wenn man etwas implizit lernt, gehören diese Inhalte zum *„prozeduralen Gedächtnis“*, wenn man etwas explizit lernt, gehören die Inhalte zum *„deklarative Gedächtnis“*. Da uns in diesem Buch aber vor allem das *„deklarative Gedächtnis“* = explizite Lernen interessiert, war deine Ansicht zum Lernen gar nicht so falsch. Doch obwohl das explizite Lernen mit etwas Aufwand verbunden ist, kann es trotzdem Spaß machen.

Im Kapitel **„Die besten Lern- und Merktechniken“** wird es dir noch genauer erläutert.

Wenn allerdings nur das *„explizite Lernen“* interessant ist, warum wird dann das *„implizite Lernen“*

in diesem Buch überhaupt erwähnt? Der Grund dafür ist, dass man auch beim *„explizite Lernen"* ohne Absicht dazu lernt, nämlich den sogenannten Kontext (Zusammenhang). Möchte man sich Inhalte in das *„Langzeitgedächtnis"* einprägen bzw. wieder abrufen, ist der Erfolg abhängig vom Kontext. Wenn du beispielsweise eine Mathematikformel an deinem Schreibtisch zu Hause lernst, dann ist es leichter, diese auch dort wieder abzurufen. Das nützt dir aber überhaupt nichts, wenn diese Formel für eine Arbeit in der Schule oder Uni gebraucht wird. Aber keine Sorge, das Ganze funktioniert auch, wenn du den Kontext in deiner Vorstellung wiederherstellst. Auch hierbei gilt wieder eine Regel:

Je mehr du dir vom Kontext einprägst und je mehr Komponenten dieser hat, desto wahrscheinlicher ist es, dass beim Abrufen ein Teilelement des ursprünglichen Kontextes den Inhalt aus deinem Gedächtnis abruft.

Du kannst dir das so vorstellen, dass beim Einprägen die Inhalte und der Kontext ein bestimmtes Muster bilden. Wenn dieses Muster mindestens teilweise erfüllt wird, kann der Inhalt abgerufen werden. Das gilt aber nicht nur für deinen räumlichen oder zeitlichen Kontext, sondern auch für deinen inneren Zustand. Wenn du z. B. unter Alkoholeinfluss lernst, dann müsstest du auch wieder Alkohol zu dir nehmen, um die Inhalte gut wiedergeben zu können. Nun will ich dich nicht zum Alkoholkonsum verführen. Das funktioniert auch mit Gefühlen und Motivation. Wenn du also beim Lernen absolut motiviert und glücklich warst, ist es eher schlecht, wenn du dann zum Abruf aus deinem Gedächtnis keine Motivation mehr hast bzw. traurig oder wütend bist.

Die besten Lerntechniken

Lernen ist eine sehr individuelle Angelegenheit. Hier gibt es unter Menschen große Unterschiede. Allgemein unterscheidet man zwischen vier verschiedenen Lerntypen. Das Wissen, zu welchem Lerntyp man selbst gehört, kann im Lernprozess eine entscheidende Rolle spielen. Du weißt dann, was dir beim Lernen hilft und was reine Zeitverschwendung für dich ist. Diese Lerntypen werden dir im Folgenden vorgestellt. Versuche selbst einmal zu ergründen, zu welchem du gehörst. Das funktioniert relativ einfach. Probiere einfach Lernstrategien aus und ermittle so, bei welcher du dich am wohlsten fühlst bzw. mit welcher du die größten Erfolge erzielst. Zusätzlich werden dir noch weitere Lern- und Merktechniken vorgestellt, die du unabhängig vom Lerntyp testen solltest. Auch wenn sie teilweise recht simpel erscheinen, erwirken sie in der Praxis dennoch große Erfolge. Die bereits erwähnten Lerntypen sind:

- Der visuelle Lerntyp
- Der auditive Lerntyp
- Der kommunikative Lerntyp
- Der motorische Lerntyp

DIE LERNTYPEN

Der visuelle Lerntyp

Dieser Typus lernt am besten mit Hilfe von kleinen Bildern oder Skizzen, Mindmaps, Grafiken oder farblichen Kennzeichnungen. Solltest du zum visuellen Lerntyp gehören, versuche dir neben den zu lernenden Inhalten kleine Skizzen zu malen. Dabei ist es unwichtig, wie gut sie gemalt sind. Du musst sie lediglich wiedererkennen und verstehen können. Alternativ kannst du dir zur Übersicht auch ein grafisches Hilfsmittel, eine Mindmap, erstellen. Wenn du einen aufeinander aufbauenden Ablauf lernst, beispielsweise eine Theorie, dann versuche diesen Ablauf durch ein Schema visuell darzustellen, beispielsweise durch ein Flussdiagramm.

Der auditive Lerntyp

Dieser Typus lernt durch einfaches Zuhören. Solltest du hierzu zählen, kannst du dir Hörbücher bzw. Lern - CDs besorgen, alternativ Podcasts anhören oder die Inhalte selbst auf dein Handy oder Ähnliches sprechen. Der Vorteil hierbei ist, dass du überall lernen kannst. Wenn du beispielsweise einkaufen gehst, mit der Bahn oder dem Bus fährst, kannst du nebenbei über Kopfhörer einfach deine Lerninhalte abspielen. Hierbei gehört ebenfalls ein Mindestmaß an Aufmerksamkeit dazu. Besonders wichtig für dich, bereits im Unterricht oder der Vorlesung gut zuzuhören. Hier kannst du bereits vieles lernen und hast später weniger Arbeit.

Der kommunikative Lerntyp

Dieser Typus lernt vor allem durch den Informationsaustausch mit anderen. Um Inhalte am besten zu lernen, erkläre sie anderen Personen oder deinen Mitschülern einfach! Dadurch zwingst du dich selbst die Inhalte zu verstehen. Möglicherweise stellen die anderen Personen auch Fragen, die dir vielleicht nicht sofort eingefallen wären, die aber beim Verstehen und Lernen helfen können. Deine Mitschüler sind bestimmt gerne bereit, sich von dir Inhalte erklären zu lassen oder sich mit dir darüber auszutauschen. Das entspricht einer klassischen Win-Win-Situation. Auch Diskussionen im Unterricht, Vorlesungen oder Seminare solltest du aktiv mitgestalten, denn hier ist dein Lehrer oder Dozent vor Ort und kann dich über Dinge, die du noch nicht verstanden hast, direkt aufklären.

Der motorische Lerntyp

Dieser Typus unterscheidet sich zum visuellen oder auch dem auditiven Lerntyp darin, dass er selbst aktiv mitwirken muss. Er lernt durch Prozesse oder Handlungen, die er selbst durchführen bzw. genau beobachten kann. Reine Erklärungen helfen dem motorischen Lerntyp in keiner Weise. Versuche also auf jeden Fall, selbst aktiv zu sein. Das ist bei theoretischen Handlungen nicht immer einfach. So können aber durchaus eigene Recherchen aus einer theoretischen Handlung wieder eine praktische werden lassen. Beispiel: Im Unterricht wird das menschliche Auge besprochen. Dies ist für dich primär nicht greifbar. Du kannst aber über Recherchen im Internet unendlich viele Informationen einholen, die dir das Auge eigentlich greifbar machen. So kannst du z. B. nach dem Thema „Sinnestäuschungen des Auges“ nicht nur suchen, sondern auch selbst ausprobieren. Die Erklärungen, warum Sinnestäuschungen durchaus normal für das menschliche Auge sind und die eigenen Versuche, lassen dich das Lernobjekt Auge besser verstehen.

Neben der Einschätzung des eigenen Typus gibt es aber noch diverse Methoden und Techniken, die das Lernen mit einfachen Mitteln unterstützen. Nachfolgend werden einige näher erläutert.

LERNTECHNIKEN UND METHODEN

Unabhängig vom Zusammenhang (Kontext) lernen

Wie du im Kapitel „Wie lernt mein Gehirn?" erfahren hast, ist Lernen kontextabhängig. Um aber zu vermeiden, dass du gelernten Inhalte nur zuhause an deinem Schreibtisch abrufen kannst, ändere diesen Kontext stetig. Lerne also nicht nur zuhause, sondern suche nach einer Alternative. Lernen kann man auch bei einem Spaziergang, im Zug, in der Bibliothek usw. Versuche dich dabei an dein zuhause und an deinem Schreibtisch zu erinnern. Allerdings sollte noch ein zusätzlicher Aspekt berücksichtigt werden: dein „Ich" oder besser formuliert, dein „inneres Wesen". Hierfür lässt sich allerdings beim „auswärtigen" Lernen kein Kontext übertragen. Versuche also einfach beim Lernen oder beim Abrufen (z. B. Test) ruhig zu bleiben. Schließlich sagt schon ein altes Sprichwort: „In der Ruhe liegt die Kraft". Das trifft vollkommen zu! Solltest du beim Lernen unruhig sein oder werden, prägst du dir Inhalte langsamer und schlechter ein. Wenn du beim Abrufen der Inhalte unruhig bist, beim Lernen aber ruhig warst, stimmt dein innerer Kontext nicht überein. So verschwendest du durch deine Unruhe unnötig Ressourcen. Angespannt zu sein ist zwar normal und grundsätzlich auch nicht schlecht, denn das freigesetzte Adrenalin macht dich aufmerksam. Vermeide jedoch starke Nervosität, Reizung oder Ähnliches.

Konzentrieren und aufmerksam sein

Wahrscheinlich wird es dir bewusst sein, dass es beim Lernen wichtig ist sich zu konzentrieren. Beim Lernen aufmerksam zu sein ist das „A und O", ansonsten sitzt du womöglich zwei Stunden vor der gleichen Information und kannst sie dir einfach nicht merken. Dabei verschwendest du nur Zeit und auch innere Kraft. Wenn du dich absolut nicht konzentrieren kannst, solltest du besser aufhören und später oder am nächsten Tag das Ganze erneut beginnen.

Utility Value Intervention

Der Titel dieser Technik ist aufregender, als die tatsächliche Umsetzung, die ganz einfach ist. Bevor du etwas lernst, schreibst du dir auf, warum du das lernst, welche Relevanz das Thema für dich hat und was das Ganze überhaupt mit dir zu tun hat. Wenn du dann zwischendurch das Gefühl hast, du schaffst es nicht mehr, dann lies dir diesen Text erneut durch oder verfasse selbst einen völlig neuen Text. Im Gegensatz zu vielen anderen Themen ist das „Selbst" für den Menschen sehr gut zugänglich. Wenn wir uns bewusst machen, was das Lernen für uns bedeutet und was wir damit anfangen können, dann verknüpfst du ein eher schwer zugängliches Gebiet mit deinem „Selbst“, also etwas hoch Zugänglichem. Dadurch wird es dir das Lernen leichter fallen, du wirst mehr Sinn darin sehen und es wird dir mehr Spaß bringen.

Belohnungen und Bestrafung

Das Prinzip von Belohnung und Bestrafung beim Lernen dürfte dir nicht unbekannt sein. Bereits in der Schule wird dies, zwar indirekt, bei der Benotung von Klassenarbeiten eingesetzt. Hast du im Vorfeld gut und fleißig gelernt, wirst du mit einer guten Note belohnt. Im Gegensatz bekommst du eine schlechte Note, wenn du nicht gut gelernt hast. Wie kannst du diese Erkenntnis nun aber effektiv in deinen selbstständigen Lernprozess einbauen? Du könntest dich beispielsweise nach einem erfolgreichen Lernen mit Schokolade belohnen, einen Film anschauen oder dich abends mit Freunden treffen.

Allerdings kommen nicht alle Menschen mit der Variante einer Belohnung klar. Es gibt Menschen, die sich dadurch unter Druck gesetzt fühlen. Sie vergessen dabei, dass sie nicht für eine Belohnung, sondern für sich selbst lernen und eine Belohnung allerhöchstens den Spaß daran erhöhen soll. Fachleute haben für diese Situation einen Fachbegriff, den sogenannten „Korrumpierungs-Effekt“.

Aber auch mit der Variante einer Bestrafung kann es zu Problemen führen. Es geht nicht darum, dich körperlichen bzw. psychischen Schmerzen oder Leiden auszusetzen, solltest du etwas nicht geschafft haben. Vielmehr geht es darum, dass du das vorgenommen Lernziel nicht geschafft hast, obwohl Zeit genug vorhanden war. Dafür kann es keine Schokolade, Filmbesuch oder ein Treffen mit Freunden geben. Es ist auch keine Katastrophe, schließlich hat jeder einmal einen schlechten Tag. Am besten ist es dann, am nächsten Tag mit neuer Energie an das Lernen heranzugehen oder einfach einen Ruhetag einzulegen.

Welche der beiden Möglichkeiten solltest du nun anwenden? Das hängt davon ab, zu welchem Typ du dich zurechnest. Schätzt du dich mehr selbstregulatorisch oder mehr selbstkontrolliert ein? Bei einem selbstregulatorischen Typ geht es um Selbstbestimmung, positiver Selbstmotivation und Selbstberuhigung. Bei dem selbstkontrollierten Typ dagegen eher um Zielfixierung, Abschirmung der analytischen, aber auch angstvollen Zielorientierung. Aktuelle Studien über das Phänomen der Vorsätze haben ergeben, dass selbstregulatorische Menschen häufiger ihre Vorsätze umsetzten, wenn sie sich auch dafür belohnen können. Selbstkontrollierte Menschen dagegen setzen mehr Vorsätze um, wenn sie beim Scheitern mit einer Bestrafung rechnen. Die Ergebnisse der Studien haben allerdings ergeben, dass für das Umsetzen von Vorsätzen die Selbstregulation klar im Vorteil war. Das hängt mit der persönlichen Psyche zusammen, da Lob und Anerkennung weitaus besser aufgenommen wird als Tadel und Bestrafung.

Selbstkontrolle sollte aber nur über einen kurzen Zeitraum praktiziert werden. So solltest du dich z. B. einige Tage vor einer Prüfung fest auf diese fixieren und dabei andere Dinge ausblenden. Selbstkontrolle sollte aber nicht über einen langen Zeitraum praktiziert werden, da sie ernsthafte gesundheitliche Probleme herbeiführen kann. Viel besser wäre es, für einen längeren Zeitraum komplett selbstregulativ zu leben und dabei den Überblick über viele Ziele zu haben, gleichzeitig flexibel zu sein, auf Gefühle und Bedürfnisse zu achten und auch ein gewisses Unbewusstsein mit einzubeziehen. Für das Lernen bedeutet es dann, nicht erst wenige Tage vor einem Test damit zu beginnen, sondern bereits eine oder mehrere Wochen vorher. Dann kannst du in deinem Tempo lernen und dir auch mal einen Tag Pause genehmigen.

Spaß

Es ist kein Unfug, aber lernen sollte dir immer Spaß machen. Natürlich musst du dich manchmal auch durchbeißen, aber das sollte kein dauerhafter Zustand sein. Wichtig dabei ist, dass du beim Lernen dich nicht verschließt, auch wenn z. B. Mathematik oder Deutsch nicht gerade zu deinen Lieblingsfächern gehören. Schalte nicht sofort ab, wenn du nur das Thema hörst. Auch innerhalb eines Themas gibt es oft große Unterschiede. Vielleicht liegt dir die nächste Rechenart oder das nächste Buch besser. Offen zu bleiben steht auch in direkter Verbindung zu einer selbsterfüllenden Prophezeiung. Wenn du von Anfang an daran denkst, dass du etwas nicht kannst oder schaffst, dann baust du dir im Kopf gedanklich eine Barriere auf, die es um einiges schwieriger macht, das Thema zu verstehen. Du prophezeist also dein Scheitern im Voraus. Bleibst du aber offen und denkst dir: „Ich lass es auf mich zukommen, ich krieg das schon hin“, dann gehst du mit Optimismus an die Sache ran und schaffst es auch besser. Du kannst deinen persönlichen Erfolg vorhersagen.

Der Restorff - Effekt

Der Restorff - Effekt besagt, dass man sich an Inhalte, die sich von ihrer Umgebung unterscheiden, besser erinnern kann. Wie kannst du das beim Lernen nutzen? Du kannst dir z. B. Lernzettel oder Karteikarten mit dem Hinweis auf einen besonders wichtigen Begriff anfertigen, den du dir merken musst. Einen Begriff, denn du dir auch bei der zehnten Wiederholung nicht merken kannst, notierst du entweder mit einer anderen Schriftfarbe oder markierst ihn andersfarbig. Diese Kennzeichnung wird sich von den anderen abheben und somit leichter in Erinnerung bleiben. Markiere aber nicht alles farbig! Diese Hinweise werden automatisch wieder zum Standard und der bezweckte AHA – Effekt unterbleibt. Fokussiere dich auf wenige, wirklich schwer zu merkende Begriffe.

Spacing - Effekt

Im Kapitel „Wie lernt mein Gehirn?“ wurde bereits ausführlich dargestellt, dass Informationen über Wiederholungen vom Kurzzeitgedächtnis in das Langzeitgedächtnis wechseln. Deshalb ist eine der besten Lerntechniken das häufige Üben. Es gibt einen linearen Zusammenhang zwischen der Anzahl der Wiederholungen und der Häufigkeit des erfolgreichen Abrufs. Der Spacing - Effekt besagt allerdings, dass verteilte Übungen effektiver sind als angesammelte. Das bedeutet, dass es besser ist eine Stunde am Tag über sechs Tage hinweg zu lernen, als sechs Stunden an nur einem Tag. Um etwas dauerhaft im Gedächtnis zu behalten, solltest du nicht nur ein paar Tage lernen, sondern über einen längeren Zeitraum, aber mit größeren Abständen zu den Lerndurchgängen. Nachfolgend ein Beispiel über einen 10 – Tage Rhythmus:

- Tag 1 = Beginn des Erlernens eines neuen Inhalts
- Tag 2 = Wiederholung vom Tag 1
- Tag 3 = Pause
- Tag 4 = Wiederholung von Tag 1 bezugsweise 2
- Tag 5 = Pause
- Tag 6 = Wiederholung von Tag 4
- Tag 7 – 9 = Pause
- Tag 10 = Wiederholung von Tag 6

Du siehst also, dass die Abstände zwischen den Lernphasen immer etwas größer werden.

Der Testeffekt

Diese Methode wird auch als abrufbasiertes Lernen bezeichnet. Das bedeutet, dass du dich immer wieder selbst testest und dir Fragen zum Gelernten stellst, um den Inhalt besser zu behalten. Direkt nach der Lernphase beginnst du mit einer Testphase, in der du dir Fragen zu dem gelernten Inhalt stellst. Hilfreich ist es hierbei, die Fragen bereits vor der Testphase herauszuarbeiten. Durch die Testphase wird der Abruf aus deinem Gedächtnis geübt. Dadurch lernst du auch gleichzeitig mit Fragen in einer richtigen Testsituation umzugehen. Wiederhole diese Testphasen auch und frage die Inhalte immer wieder ab. Du wirst sehen, dass du mit dem Testen viel schneller lernst als ohne. Solltest du einmal eine Frage nicht beantworte können, suche nicht sofort nach der Antwort. Nimm dir einen Moment und überlege genau. Manchmal kommen die Erinnerungen dann doch zurück. Außerdem bewirkt das Nachdenken, dass du dir im Laufe der Zeit Inhalte besser merken kannst.

Mindmaps

Wenn du sehr viele, komplexe Inhalte lernen musst, hilft es oft, mit einer Mindmap zu arbeiten. Bei einer Mindmap handelt sich es um eine grafische Darstellung wichtiger Begriffe, Zusammenhänge, Ideen oder Inhalte. Eine Mindmap kannst du vor dem Lernen anlegen, um zu schauen, welchen Themenkomplex du heute angehen möchtest. Du solltest dafür die Inhalte schon etwas kennen, ansonsten bleibt deine Mindmap leer bzw. wird so chaotisch, dass du dich nur selbst verwirrst. Außerdem kannst du die Mindmap nutzen, um dich nach dem Lernen selbst abzufragen (siehe Testeffekt). Hier hast du die großen Themenkomplexe aufgelistet und kannst die

Details abrufen. Das hilft insbesondere, wenn du dazu neigst, Details von Inhalten zu verwechseln.

Lerngruppen

Selbst wenn du kein kommunikativer Lerntyp sein solltest, können dir Lerngruppen gut helfen. Hier können dir Mitschüler oder Freunde Dinge erklären, die du noch nicht so gut verstanden hast. Manchmal kann es dabei auch zu Meinungsverschiedenheiten über bestimmte Interpretationen kommen. Eine Diskussion darüber hilft dir aber, die Details des Inhalts besser zu verstehen und auch gleichzeitig zu merken. Wenn du dann in einem Test sitzt und eine Frage zu genau diesem Thema hast, fällt dir die Diskussion viel schneller ein als der eigentliche Inhalt. Da ihr aber über den Inhalt diskutiert habt, fällt dir dieser auch schnell wieder ein.

Storytelling

Storytelling wird vor allem im Wissensmanagement, Marketing und Werbung eingesetzt. Du kannst diese Methode aber auch für dich verwenden. Bei dieser Methode geht es um Geschichten, besser gesagt um das Erzählen derselben. Du denkst dir eine Geschichte aus, die sich mit einigen Inhalten befasst, die du lernen möchtest. Wie genau diese Geschichte aussieht, entscheidest du selbst. Die Geschichte muss nicht zwingend so stattgefunden haben, sie kann frei erfunden sein. Wichtig ist jedoch, dass die Inhalte in dieser Geschichte aufeinander aufgebaut und in sich schlüssig sind. Versuche auch ein wenig Dramaturgie einzubauen, indem du dir einen Konflikt oder ein mitreißendes Ereignis dazu ausdenkst. Dabei verknüpfst du aber auch Inhalte mit bestimmten Hinweisen, sogenannte Cues. Diese Cues helfen dir später beim Abrufen der Inhalte.

Loci - Methode und Gedächtnispalast

Diese Methoden basieren auf der Methode des Storytellings, gehen aber noch einen Schritt weiter. Bei der Loci - Methode erstellst du eine fiktive Reiseroute mit verschiedenen Orten, an denen feste Inhalte ablegt werden, die du dir merken möchtest. Somit werden feste Orte mit Informationen aus deinem Lernvorgang bestückt. Diese Orte dienen dir wieder als Cues. Wenn du die Inhalte wieder abrufen möchtest, gehst du wieder entlang der Route und dank der verknüpften Orte, die du vor deinem geistigen Auge siehst, wirst du auch an die Inhalte wieder erinnert. Die Route kann auch eine reale, dir gut vertraute Route sein, z. B. der Weg zur Schule, zur Arbeit, zum Bäcker oder die liebste Wanderroute.

Beim Gedächtnispalast funktioniert es ähnlich. Du läufst hier allerdings keine Route ab, sondern erstellst vor deinem geistigen Auge Räume. Auch hier bestückst du Informationen aus deinem Lehrvorgang, allerdings nicht mit Orten, sondern mit

Räumen. Beginne am Anfang lediglich mit einem Raum. Zu dem Inhalt, den du dir merken möchtest, denkst du dir einen passenden Gegenstand dazu aus. Diesen Gegenstand kannst du dann in diesem Raum platzieren, entweder legen (z.B. Teppich), stellen (z. B. Stuhl) oder hängen (z. B. Bild). Wenn du die Inhalte wieder abrufen möchtest, gehst du gedanklich in den Raum und betrachtest den Gegenstand. Dank der Verknüpfung zum Gegenstand, kannst du dich dann wieder an den Inhalt erinnern.

Literatur und Kunst

DIE EPOCHEN DER LITERATUR

Die Literatur lässt sich übersichtlich darstellen – in sogenannten Epochen. Zu jeder Zeit gab es Strömungen, also Arten oder bestimmte Inhalte, die besonders prägnant waren, wie man schrieb. Diese Strömungen zusammengefasst bilden eine Epoche. Natürlich hat nicht jeder Autor, der zu dieser Zeit lebte, passend zur Epoche geschrieben. Deshalb ist die Einordnung in Epochen auch nicht immer klar abzugrenzen. Einige Epochen gehen fließend ineinander, beispielsweise wenn sich literarische Gegenströmungen entwickelten, die immer populärer wurden und irgendwann zu einer Hauptströmung, bessergesagt, zu einer neuen Epoche wurden. Worüber in den Büchern der Epochen geschrieben wurde, hing von den gesellschaftlichen Umständen der jeweiligen Zeit ab. Dadurch ist die Literatur auch stark abhängig von geschichtlichen Entwicklungen.

Aufstellung der Literaturepochen in Deutschland und Europa (Quelle: Duden)

Epoche	Zeitspanne (ca. Angaben)
Mittelalter	750 - 1350
Renaissance und Humanismus	1350 - 1600
Barock	1600 - 1720
Aufklärung / Empfindsamkeit	1680 - 1800
Sturm und Drang	1770 - 1789
Weimarer Klassik	1786 - 1805
Romantik	1790 – 1830
Biedermeier	1815 – 1848
Vormärz / Junges-Deutschland	1815 – 1848
Realismus	1848 - 1890
Naturalismus	1880 - 1900
Moderne	1890 - 1918
Expressionismus	1910 - 1920
Dadaismus	1918 – 1933
Neue Sachlichkeit	1918 – 1933

Exilliteratur	1933 - 1945
Nachkriegsliteratur	1945 - 1990
Literatur der BRD / DDR	1950 - 1990
Postmoderne	nach 1989

Mittelalter und Renaissance / Humanismus (750 - 1600)

Im frühen Mittelalter (500 - 950) interessierten sich die Menschen, die lesen konnten, in der Regel lediglich der Adel und der Klerus, für höfische Ritterromane. Zu den bekanntesten zählen hierbei das *„Nibelungenlied"* sowie *„Tristan und Isolde"* von Gottfried von Straßburg (* 1170 - † 1250). Ebenfalls bekannt ist heute noch der *„Parzival"* von Wolfram von Eschenbach (* 1170 - † 1220).

Im späten Mittelalter (1250 - 1500) und der frühen Neuzeit (1500 - 1600) waren unterhaltsame Bücher gefragt. Märchendichtungen, z. B. *„Der Ring"* von Heinrich Wittenwiler (* 1370 - † 1420) fanden großen Anklang. Auch Volksbücher, z. B. *„Till Eulenspiegel"*, waren sehr begehrt.

Kurze Anmerkung!

Skulpturen des Till Eulenspiegel stehen noch heute in vielen deutschen Städten.

Barock (1600 - 1720)

Dass diese Zeit besonders von Krieg, Leid und Krisen (Dreißigjähriger Krieg, Pest) geprägt war, spiegelt sich auch in der Literatur wider. Vor allem drei Weisheiten waren für das damalige Leben prägend:

- *Memento mori* (= Latein für: „Bedenke, dass du sterben musst")
- *Vanitas* (= Latein für: „Eitelkeit", „Misserfolg", „Nichtigkeit", „Vergänglichkeit der Welt")
- *Carpe diem* (= Latein für: „Nutze/Genieße den Tag")

Es wurde viel mit Gegensätzlichkeiten gearbeitet, z. B.:

- Dem „Diesseits und Jenseits"
- Dem „Schein und Sein"
- Dem „Irdischem und Himmlischen"
- Dem „Spiel und Ernst

Die barocke Literatur gilt als sehr künstlich und wenig natürlich. Eins der bekanntesten Werke aus dieser Zeit ist *„Der Abenteuerliche Simplicissimus"* von Hans Jakob Christoph von Grimmelshausen (* 1622 - † 1676).

Aufklärung (1680 - 1800)

Die Werke dieser Zeit vertreten die aufklärenden (daher die Bezeichnung der Epoche) Ideen der Vernunft und Rationalität. Der Autor Gotthold Ephraim Lessing (* 22.0.1729 - † 15.02.1781) ist einer der bekanntesten Autoren dieser Zeit. Zu seinen Werken zählen unter anderem *„Miss Sara Sampson"* und *„Emilia Galotti"*. Doch vor allem sein Werk *„Nathan der Weise"* steht beispielhaft für die Aufklärung, denn im Drama geht es um vernunftmäßiges Handeln und religiöser Toleranz.

Empfindsamkeit (1680 - 1800)

Die Werke dieser Zeit wurden zur selben Zeit wie die Aufklärung verfasst und stellen das Gegenteil zur Aufklärung dar. Trotzdem sollte die Empfindsamkeit nicht als Gegenbewegung der Aufklärung begriffen werden. Die Empfindsamkeit widerspricht der Aufklärung nicht, sondern stellt nur statt der Vernunft die Empfindungen in den Vordergrund. Ein bekannter Vertreter ist Friedrich Gottlieb Klopstock (* 02.07.1724 - † 14.03.1803) mit seinem Werk *„Messias"*.

Sturm und Drang (1770 - 1789)

Auch in der Epoche Sturm und Drang spielten Emotionen eine wichtige Rolle. Diese wurden aber mehr nach außen gezeigt. Es ging um das Leben mit Gefühl und Herz. Diese Literaturströmung kam zustande durch das Aufbegehren junger Schriftsteller gegen die damalige Ständegesellschaft, der Unterdrückung und den Zwängen. Wegbereiter dieser unruhigen Epoche war Johann Gottfried Herder (* 25.08.1744 - † 18.12.1803). Die bekanntesten Namen aus dieser Epoche sind jedoch Friedrich Schiller (* 10.11.1759 - 09.05.1805 mit seinen Werken *„Die Räuber"* und *„Kabale und Liebe"* und Johann Wolfgang von Goethe (* 28.08.1749 - 22.03.1832), dessen Werk *„Die Leiden des jungen Werther"* beispielhaft für diese Epoche steht.

Klassik (1786 - 1805)

Diese Epoche wird oft auch „Weimarer Klassik" genannt, da in Weimar die wichtigsten Literaten der Epoche verkehrten, z. B. Goethe, Schiller, Herder und Wieland. In den damaligen Werken wurde inhaltlich das Streben nach Harmonie, fester Ordnung, Ruhe, Klarheit, Vernunft und Gleichgewicht und vor allem die Humanität beschrieben. Zu dieser sollte der Mensch durch Literatur und Kunst erzogen werden. Johann Wolfgang von Goethe erschuf hier eine Reihe von bekannten Werken, u. a *„Faust*

1" und *„Faust 2"*, *„Egmont"* oder *„Iphigenie auf Tauris"*. Auch sein Freund und Mitstreiter Friedrich Schiller verfasste viele Werke, z. B. *„Wallenstein"*, *„Wilhelm Tell"*, *„Maria Stuart"* oder auch *„Die Jungfrau von Orléans"*.

Romantik (1790 - 1830)

Die Romantik hatte den Fokus auf alles Fantastische und Wunderbare. Grenzen sollten gesprengt werden und man strebte nach der Unendlichkeit. Alles sollte dabei subjektiv, individuell, frei und unabhängig sein. Die Sehnsucht nach Liebe wird durch das zentrale Symbol der blauen Blume, die von dem Dichter Novalis (richtiger Name: Georg Philipp Friedrich von Hardenberg (* 02.05.1772 - † 25.03.1801) erschaffen wurde, dargestellt. Auch das Fernweh, das Wandern, Reisen, das Leben in der Natur, jenseits von bürgerlichen Konventionen, spielten eine Rolle. Darüber schrieben z. B. Charles Dickens (* 07.02.1812 - † 09.06.1870) und vor allem Joseph von Eichendorf (* 10.03.1788 - † 26.11.1857). Aber auch Gegensatz zur sehnsüchtigen Liebe, das Unheimliche und die Abgründe der menschlichen Seele werden thematisiert. Das bekannteste Werk dieser Epoche ist der Roman *„Die Elixiere des Teufels"* von E.T.A Hoffmann (* 24.01.1776 - † 25.06.1822).

Biedermeier / Vormärz (1815 - 1848)

Beiden Epochen verlaufen zwar parallel, werden auch gemeinsam durch die politische Ordnung in dieser Zeit geprägt, unterscheiden sich aber doch gravierend. Während die Werke des Biedermeier von Ordnung und Häuslichkeit, von Ruhe und Bescheidenheit geprägt sind, begehren die Dichter des Vormärz auf und setzen sich für soziale Gerechtigkeit und Demokratie ein. Die bekannteste Vertreterin des Biedermeiers ist Anette von Droste - Hülshoff (* 10.01.1797 - † 24.05.1848) mit ihrem Werk *„Die Judenbuche"*. Zu den bekanntesten Autoren des Vormärz gehört u. a. Karl Georg Büchner (* 17.10.1813 - † 19.02.1837) mit seinem Drama *„Woyzeck"*.

Realismus (1848 - 1890)

Die Literatur dieser Epoche ist geprägt von der Industrialisierung und befasst sich sozialkritischen Themen. Die Texte handeln von Alltäglichkeiten der einfachen Bevölkerung. Zu den bekanntesten Autoren dieser Epoche gehören Theodor Storm (* 14.09.1817 - † 07.07.1888) mit seinem Werk *„Der Schimmelreiter"* und Theodor Fontane (* 30.12.1819 - † 20.09.1898) mit seinen Werken *„Effi Briest"* und *„Der Stechlin"*.

Naturalismus (1880 - 1900)

Die Dichter des Naturalismus wenden sich in ihren Werken einerseits gegen die Aristokratie und andererseits gegen die Missstände in der Arbeitswelt und deren Folgen, z.B. Armut und Sucht. Der bekannteste Autor dieser Epoche dürfte Gerhard Hauptmann (* 15.11.1862 - † 06.06.1946) mit seinem bekanntesten Werk *„Die Weber“* sein. Im Jahr 1912 erhielt er den Nobelpreis für Literatur.

Moderne (1890 - 1918) + Expressionismus (1910 - 1920)

Die Autoren dieser Epochen greifen einen völlig neuen Schreibstil auf. Ihre Werke beschäftigen sich mit dem Natural- und Realismus, sind aber durch die Ereignisse des 1. Weltkriegs geprägt. Bekannte Schriftsteller aus diesen Epochen sind u. a.:

- Erich Kästner (* 23.02.1899 - 29.07.1974) *„Emil und die Detektive“*
- Thomas Mann (* 06.06.1875 - † 12.08.1955) *„Der Zauberberg“* und *„Die Buddenbrooks“*
  Er erhielt im Jahr 1929 den Nobelpreis für Literatur
- Berthold Brecht (* 10.02.1898 - † 14.08.1956) *„Die Dreigroschenoper“*

Expressionismus (1910 - 1920)

In dieser Stilepoche versuchen die Autoren die traditionellen Denkweisen zu verändern und die ältere Generation zu provozieren. Zu den bekanntesten Vertretern dieser Epoche zählt Franz Kafka (* 03.07.1883 - † 03.06.1924) mit seinem Werk *„Die Verwandlung"*.

Dadaismus (1918 - 1933)

Diese Stilepoche wird durch das sogenannte Lautgedicht geprägt. Dabei verschmelzen Worte in rhythmische, teilweise gereimte Klangfolgen. Der bekannteste Autor dieser Strömung ist Hugo Ball (* 22.02.1886 - † 14.09.1927) und sein Werk *„Flametti"*.

Neue Sachlichkeit (1918 - 1933)

Die Autoren der Neuen Sachlichkeit verstehen sich als Vertreter einer einfachen und schlichten Sprache und soll die Mittelschicht der Weimarer Republik erreichen und dabei deren Schicksale und Sorgen beschreiben. Bekannte Autoren waren u. a. Hans Fallada (* 21.07.1893 - † 05.02.1947) mit dem Werk *„Kleiner Mann was nun?"* und Hermann Hesse (* 02.07.1877 - † 09.08.1962) mit seinen Werken *„Der Steppenwolf"* und *„Siddharta"*. Hermann Hesse wurde im Jahr 1946 mit dem Nobelpreis für Literatur ausgezeichnet.

Exilliteratur (1933 - 1945)

Hierbei handelt es sich um eine Epoche, in der die Literatur nahezu zum Erliegen kommt. Autoren werden, wenn sie nicht Regimetreu sind, verfolgt und können auch aus dem Ausland nicht in die deutsche Kulturlandschaft einwirken.

Nachkriegsliteratur (1945 - 1990)

Es beginnt die Zeit der Aufarbeitung des Nationalistischen Regimes und der Kriegszeit. Die Autoren beschäftigen sich mit dem realen Bild im Land und den Traumata der Nachkriegszeit. Bekannte Autoren sind u. a. Wolfgang Borchert (* 20.05.1921 - † 20.11.1947) mit seinem Drama *„Draußen vor der Tür“* und Günter Eich (* 01.02.1907 - 20.12.1972) mit seinem Werk *„Züge im Nebel“*.

Literatur der DDR / BRD (1950 - 1990)

Die Entwicklung der Literatur erfolgte in beiden deutschen Staaten unterschiedlich. Die Autoren in der BRD sahen ihren Themenschwerpunkt in der Aufarbeitung der NS-Zeit, inklusiv der Schuld am Holocaust. Die Autoren in der DDR waren links - sozialistisch orientiert und beschäftigten sich mit dem Leben der DDR - Bevölkerung und ihren Konflikten mit der Staatsmacht.

Bekannte Autoren aus der BRD waren Günter Grass (* 16.10.1927 - † 13.04.2015) und Heinrich Böll (* 21.12.1917 - † 16.07.2015).

Zu den bekannten Autoren aus der DDR zählten Stefan Heym (* 10.04.1913 - † 16.12.2007) und Anna Seghers (* 19.11.1900 - † 01.06.1983).

Postmoderne (ab 1989)

Die Literatur der Postmoderne wird auch als Sammelbecken aller Epochen bezeichnet. Autoren der Postmoderne vertreten die Ansicht, dass Literatur nichts Einzigartiges ist. Deshalb legen sich Autoren der Postmoderne nicht ausschließlich auf einen aktuellen Stil fest, sondern akzeptieren auch bereits vorhandene Stilrichtungen.

Bekannte Autoren der Postmoderne sind u. a. Umberto Eco (* 05.01.1932 - † 19.02.2016), bekannt durch seinen Roman *„Der Name der Rose"* und Patrick Süskind (* 26.03.1949), bekannt durch den Bestseller *„Das Parfum"*.

DIE BILDENDE KUNST

Die Bezeichnung „bildende Kunst“ ist genau betrachtet irreführend. Da der Begriff Endprodukte beschreibt, die aus den unterschiedlichsten Materialien hergestellt, also gestaltet, werden, wäre die Bezeichnung „gestaltende Kunst“ eigentlich aussagekräftiger. Zur bildenden Kunst gehören z. B. die Malerei, die Bildhauerei, die Grafik, die Architektur, das Kunsthandwerk und seit den 50iger Jahren des letzten Jahrhunderts auch die Fotografie. Analog der Literatur wird auch die bildende Kunst in Epochen aufgeteilt. Für eine Einordnung der Werke aus der bildenden Kunst in Epochen werden die Form bzw. inhaltliche Beurteilung mit den Zeitabschnitten der Geschichte verglichen.

Die Epochen der bildenden Kunst

Epoche	Zeitraum
1. Prähistorische Kunst	30000 v. – 1800 v. Chr.
2. Kunst des Altertums	3000 v. – 500 n. Chr.
3. Kunst des Mittelalters	500 v. – 1500 n. Chr.
4. Kunst der Neuzeit	
4.1 Renaissance	1400 – 1520 nach Chr.
4.2 Manierismus	1520 – 1610 nach Chr.
4.3 Barock	1575 – 1780 nach Chr.
4.4 Rokoko	1730 – 1780 nach Chr.
4.5 Klassizismus	1770 – 1840 nach Chr.
4.6 Romantik	1795 – 1835 nach Chr.
5. Neue Zeit	
5.1 Historismus	1835 – 1910 nach Chr.
5.2 Realismus	1850 – 1890 nach Chr.
5.3 Moderne	1880 – 1920 nach Chr.
5.4 Postmoderne	ab 1989

Prähistorische Kunst (30.000 – 1.800 vor Chr.)

In dieser Zeitspanne zeigt sich die darstellende Kunst mit Felsbildern und kleinen Figuren, aus Stein gemeißelt. Die bisher ältesten Felsmalereien wurden in der Höhle von Chauvet im Süden Frankreichs entdeckt. Auf etwa 500 m Länge finden sich dort gemalte und geritzte Bildnisse von Tieren der damaligen Zeit, Jagdszenen und noch nicht entschlüsselten Symbolen.

Kunst des Altertums (3.000 vor Chr. – 500 nach Chr.

Diese Epoche wird geprägt von Mächten des Mittelmeerraumes und Kleinasiens, die abwechselnd in dieser Region herrschten. Der Zeitraum dieser Epoche wird daher in mehrere Untergruppen aufgeteilt:

- Kretische Kunst (3.000 - 1.200 vor Chr.)
- Mykenische Kunst (1.600 – 1.200 vor Chr.)
- Ägyptische Kunst (3.000 vor Chr.- 495 nach Chr.)
- Altgriechische Kunst (1.500 – 700 vor Chr.)
- Etruskische Kunst (800 – 100 vor Chr.)
- Römische Kunst (500 vor Chr. – 500 nach Chr.)

Die Kunst des Altertums besticht durch seine Baukunst und der Darstellung von Figuren aus der entsprechenden Mythologie. Besonders innerhalb der ägyptischen, aber auch der griechischen Baukunst wurden monströse Bauwerke errichtet, die noch heute begeistern. Das wohl bekannteste Bauwerk dieser Epoche ist die *Sphinx von Gizeh*, ein liegender Löwe mit einem Menschenkopf.

Sphinx von Gizeh

Die griechische Kunst brachte eine neue Bauform der Säulen hervor, die *„dorische Säule"*. Sie ist zu damaligen Zeiten eine bautechnische Revolution gewesen. Während die üblichen Säulen aus drei Abschnitten, dem Schaft (Fuß) – Säule – Kapitell (Kopf), bestanden, besitzt die dorische Säule nur zwei Abschnitte. Sie besitzt keinen Schaft, steht direkt auf dem Unterbau und verjüngt sich nach oben. Der bekannteste Bau mit dorischen Säulen ist der *Parthenon Tempel* in Athen.

Parthenon Tempel in Athen

Aber auch drei weitere Kunstformen sind eindeutige Zeichen der Kunst aus dem Altertum. Da sind z. B. die geometrischen Formen auf Vasen bzw. Haushaltsutensilien, die beeindruckenden Mosaike und der Relieftechnik, die hauptsächlich bei der Verzierung von Grabanlagen oder Tempeln zum Einsatz kam.

Eindrückliches Mosaik in einem Tempel

Die Relieftechnik an Säulen mit Hieroglyphen

Kunst des Mittelalters (500 - 1500 nach Chr.)

Auch die Kunst im Mittelalter war durch unterschiedliche Strömungen gekennzeichnet.

- die ersten Schmuckstücke und Haushaltsgegenstände aus Metall angefertigt.
- die ersten Bücher mit der Hand geschrieben und durch aufwendige Zeichnungen verziert.
- die ersten Bauten aus Holz errichtet.

Der Zeitraum dieser Epoche in folgende Untergruppen aufgeteilt:

- Frühmittelalter (500 - 1050 nach Chr.)
- Merowingische Kunst (500 - 750 nach Chr.)
- Karolingische Kunst (750 - 900 nach Chr.)
- Ottonische Kunst (950 - 1050 nach Chr.)
- Hochmittelalter (1050 - 1250 nach Chr.)
- Romantik (1000 - 1250 nach Chr.)
- Frühgotik (1130 - 1200 nach Chr.)
- Hochgotik (1200 - 1250 nach Chr.
- Spätgotik (1250 - 1500 nach Chr.)

Die Epoche der Gotik sollte für die Architektur des Mittelalters von großer Bedeutung sein. Es tauchten in den Sakralbauten architektonische Meisterleistungen auf, z. B. die Skelettbauweise, das Kreuzrippengewölbe und die ersten Spitzbögen.

Aber auch die Fenstermalerei wurde zu einem Mittelpunkt innerhalb der Architektur. Das bekannteste Gebäude dieser Zeit ist die *Kathedrale Notre - Dame* in Paris.

Kathedrale Notre - Dame

DIE DARSTELLENDE KUNST

Im Gegensatz zur bildenden Kunst, bei der feste, bleibende Körper angefertigt werden, handelt es sich bei darstellender Kunst um die visuelle Form einer künstlerischen Darbietung. Gemeint sind damit sämtliche Formen von Aufführungen gegenüber einem Publikum, die in Echtzeit, also live dargeboten werden. Daher bezeichnet man die Darstellende Kunst auch als *„ephemere Kunst"*. Diese Bezeichnung wird von dem altgriechischen Wort *„ephemeros"* (= nicht länger als einen Tag) ab. Einige Beispiele von Kunstformen, die als darstellenden bezeichnet werden, sind z. B. Opern und Operetten, Theateraufführungen, Konzerte, Musicals, Tanz oder Comedy, aber auch Internet- oder Zirkusveranstaltungen und Filme. Jetzt wirst du dir sicherlich die Frage stellen, ob bei den heutigen Möglichkeiten der technischen Aufzeichnung der Bezug auf den Begriff *„ephemeros"* noch gültig ist. Die Antwort lautet deutlich: **JA!** Grundlage der darstellenden Kunst ist das **„Jetzt",** oder eben besser beschrieben als das **„Live".**

Die Epochen der darstellenden Kunst sind analog der bildenden Kunst aufgegliedert. Das beste Beispiel der langen Geschichte einer darstellenden Kunstform ist die Musik. Sie kann sehr einfach „produziert" werden. Musik ist die Verbindung von Geräuschen bzw. Tönen, die mit Materialien erzeugt und anschließend in eine Tonfolge geordnet werden. Prähistorische Funde haben belegen können, dass bereits vor 2,5 Mio. Jahren in der Altsteinzeit Flöten benutzt wurden, die der Mensch aus Tierknochen herstellte. Funde aus der Jungsteinzeit (5500 Jahre vor Chr.) brachten jegliche Art von Trommeln zutage und lassen den Rückschluss zu, dass der Mensch schon zu diesen Zeiten musikalisch äußerst kreativ war. In den folgenden Jahrtausenden wurden die Klangkörper weiter verfeinert. So kamen in der Bronzezeit (2500 Jahre vor Chr.) die ersten Instrumente aus Metall hinzu und das Volk der Summerer entwickelte die ersten Saiteninstrumente.

Zur Zeit der alten Griechen und Römer wurde die Musik zur Kunst. Eine Mixtur aus Tönen, Tanz, ergänzt durch Schauspielerei boten der Bevölkerung die ersten künstlerischen Aufführungen. Noch heute sind Tanz und Musik sehr eng miteinander verbunden.

Eine im Mittelalter sehr ausgeprägte Form der Musik war der Minnesang. In der Zeit zwischen 1150 - 1300 nach Chr. wurde der Minnesang am adeligen Hofe vorgetragen und war nicht nur Vergnügen, sondern auch die lyrische Form höfischer Liebesdramen. Zum ersten Mal wurden im Einzelgesang Dichtung und Musik miteinander verbunden und Botschaften übertragen. Aus dieser Epoche gingen auch die ersten hauptberuflich agierenden

Dichter und Sänger hervor. Zu den bekanntesten Künstlern der damaligen Zeit gehörte Walter von der Vogelweide (* 1170 - † 1230).

Mit Beginn der Renaissance (ab 1400 nach Chr.) wurden aus der mittelalterlichen Musik und dem Einzelgesang eine mehrstimmige Musik, sowohl vom Gesang als auch von den Instrumenten. Neue Instrumente wurden entwickelt und begleiteten die Sänger auf den ersten kleinen Konzerten.

Mit Beginn des Barocks erfuhr die damalige Musik aber einen gänzlich neuen Stil. Die Musikstücke wurden in mehreren Sätzen komponiert und ein Soloinstrument übernahm die führende Rolle. Der Barock gilt als das musikalische Zeitalter des Basses. Die ersten Musikstücke wurden komponiert, die noch heute zum Repertoire der Orchester zählen und in den Musikhallen der Welt aufgeführt werden. Zu den bekanntesten Komponisten des Barocks gehören… …

- Georg Friedrich Händel (* 23.02.1685 - † 14.04.1759)
- Georg Philipp Telemann (* 14.03.1681 - † 24.06.1767)
- Antonio Vivaldi (* 04.03.1678 - † 28.07.1741)
- Johann Sebastian Bach (* 21.03.1685 - † 28.07.1750)

Die nächste Änderung erlebte die Musik mit dem Klassizismus, auch als Klassik bezeichnet. In das Orchester der Klassik wurden neue Instrumente, z. B. größere Streichinstrumente (Bratsche, Cello), Blechinstrumente (Hörner, Trompeten), sowie Flöten, Fagotte und Oboe, eingesetzt. Die umfassendste Änderung war aber der Austausch vom Cembalo zum Klavier. Zu den bekanntesten Komponisten des Barocks gehören… …

- Wolfgang Amadeus Mozart (* 1756 - † 1791)
- Ludwig v. Beethoven (* 1770 - † 1827)
- Joseph Haydn (* 1732 - † 1809)

Mit Beginn der Romantik wurden Elemente der Volksmusik in die Kompositionen aufgenommen und die Oper, mit ihren menschlichen Emotionen, erlebte einen großen Aufschwung.

- Giuseppe Verdi (* 1813 - † 1901)
- Franz Schubert (* 1797 - † 1828)
- Richard Wagner (* 1813 - † 1883)
- Pjotr Iljitsch Tschaikowski (* 1840 - † 1893)
- Franz Liszt (* 1811 - † 1886)

Auch die Musik der Neuzeit wurde durch neue Instrumente geprägt. Neben dem Schlagzeug und der Gitarre fanden elektronische Instrumente den Einzug in die Musikwelt. Daraus entwickelten sich auch völlig neue Musiktrends. Neben der Klassik beherrschten jetzt, insbesondere zu Beginn des 20.

Jahrhunderts, Jazz, Rock und Swing die Musiklandschaft. Die Musik, die bis dato eher im kleineren, ausgewählten Kreis gehört wurde, eroberte nun schlagartig die Öffentlichkeit. In den 80iger Jahren gesellten sich weitere Musikstile dazu, die für die klassikverwöhnte Generation sehr befremdlich wirkte. Techno, House, Heavy Metall, Trance, Rap und Hip - Hop stehen nicht nur für schnelle Rhythmen, sondern auch für Töne, die mittels Synthesizer „künstlich" hergestellt werden. Wenn früher doch eher eine kleinere Anzahl Zuhörer den Klängen der Instrumente oder Stimmen lauschte, füllen heute Weltstars große Hallen und Stadien und gehören zu den Topfverdienern der Gesellschaft. Völlig im Gegensatz zu den Künstlern der früheren Musikepochen, die teilweise in bitterer Armut leben mussten.

Geografie

DAS UNIVERSUM

Entstehung des Universums

Nach dem heutigen Wissenstand begann die Geschichte der Erde vor etwa 13,7 Milliarden Jahre mit einer physikalischen Reaktion, auch als *Urknall* bezeichnet. Innerhalb von Bruchteilen einer Millisekunde erfolgte eine Explosion von stark verdichteter Energie, die sich mit einer sehr hohen Geschwindigkeit ausdehnte. Dieses physikalische Ereignis wird heute als Geburtsstunde unseres Universums betrachtet.

Aber woher stammt diese Erkenntnis? Die Theorie des Urknalls wurde bereits in den frühen Jahren des 20. Jahrhunderts mit Hilfe der *Relativitätstheorie,* veröffentlicht durch den deutschen Physiker Albert Einstein (* 14. März 1879 -† 18. April 1955). Diese Theorie beschreibt das Verhalten von Zeit und Raum in Verbindung mit der Gravitation. Es wurde festgestellt, dass sich das Universum analog dieser These ausdehnt. Aber erst 50 Jahre später sollte diese Theorie durch den britischen Astrophysiker Stephen Hawkings (* 8. Januar 1942 – † 14. März 2018), u. a. mit Hilfe des *Hubble – Weltraumteleskop* nachgewiesen. Er berechnete mit Hilfe der

Relativitätstheorie die Entwicklung des Universums rückwärts und kam dadurch auf das Ergebnis von 13,7 Milliarden Jahre. Noch heute dehnt sich das Universum nachweislich aus, allerdings erheblich langsamer als direkt nach dem Urknall.

Entstehung der Erde

Das Universum bestand bereits 9,2 Milliarden Jahre und ein weiteres kosmisches Ereignis schuf unser heutiges Sonnensystem. Vor 4,6 Milliarden Jahre explodierte ein junger Stern und löste sich in gewaltige Gas- und Staubwolken auf. Durch die bestehende Gravitation im Universum bildete sich daraus die Sonne. Um die Sonne herum kreisten Milliarden kleiner Partikel, die im Laufe von mehreren Millionen Jahren verklumpten und sich schließlich zu riesigen Gesteinsbrocken, den heutigen Planeten, formten. Ein Gesteinsbrocken davon sollte in den folgenden Jahrmillionen zu unserer heutigen Erde werden. Zu diesem Zeitpunkt zeigte sich die Erde nicht als ein strahlend blauer Planet. Dieser riesige Gesteinsbrocken hatte noch nicht einmal die heutige kugelige Form. Der Himmelskörper war ständigen Einschlägen kleinerer Gesteinsbrocken ausgesetzt, die dazu führten, dass es sehr heiß wurde. Es entwickelten sich große Lavaströme, die zwar die Temperatur weiter anheizten, gleichzeitig aber dafür sorgten, dass sich aus dem Gesteinsbrocken eine Kugel bildete.

Vor etwa 70 Millionen Jahre sollte ein besonderes Ereignis die Geburtsstunde unserer heutigen Erde werden. Ein riesengroßer Himmelskörper krachte mit einer hohen Geschwindigkeit auf die Erde. Zum Glück erfolgte dieser Crash nicht frontal, sondern nur in einem schrägen Winkel. Große Teile des Erdkörpers werden ins Universum geschleudert und formen sich zu einer Gesteinswolke. Sie umkreisen die Erde und kühlen dabei nicht nur ab, sondern verklumpen ebenfalls und bilden einen eigenen Himmelskörper. Unser heutiger Mond begann sich zu formen. Es sollte aber noch mehr als 10.000 Jahre dauern, bis der Mond seine heutige Form erhält und er in einem Radius von etwa 380.000 km die Erde umkreist.

Die Ausmaße der Erde sind heute:

- Durchmesser (Von Pol zu Pol - Messung) = etwa 12.756 km
- Umfang (Äquator) = etwa 40.000 km
- Oberfläche = etwa 510 Millionen km²
    - Landfläche etwa 149,6 Mio. km² = 29,3 %
    - Wasserfläche etwa 360,4 Mio. km² = 70,7 %
- Drehgeschwindigkeit (km/h) am Äquator = 465 m/s entspricht etwa 1.674 km/h

Die Ausmaße des Mondes sind heute:

- Durchmesser (Von Pol zu Pol - Messung) = etwa 3.472 km
- Umfang (Äquator) = etwa 3.476 km
- Oberfläche = etwa 38 Millionen km²

Der Mond ist somit etwa 13,5 Mal kleiner als die Erde.

Das heutige Sonnensystem

Neben Erde und Mond entwickelten sich über die Jahrmillionen weitere Himmelskörper, die alle zusammen unser heutiges Sonnensystem bilden. Dieses System besteht aus 8 Planeten mit ihren Monden (auch Zwergplaneten genannt) und unzähligen Asteroiden und Kometen.

- Asteroiden = Himmelskörper, die aus Gestein und Metall bestehen
- Kometen = Himmelskörper, die aus Gas, Eis und Gesteinsstaub bestehen

Sie alle kreisen um die Sonne!

Der erste Wissenschaftler, der die Bewegungen der Planeten um die Sonne detailliert beschrieb, war der Astronom Nikolaus Kopernikus (* 19.02.1473 - † 24.05.1543). Allerdings war Kopernikus der Meinung, dass die Planeten kreisförmig um die Sonne kreisten. Diese These wurde etwa 50 Jahre später durch den Astronom Johannes Kepler (* 27.12.1571 -

† 15.11.1630) widerlegt, indem er der These von Kopernikus in zwei Feststellungen widersprach:

- Die Planeten bewegen sich nicht in gleichen, sondern unterschiedlichen Geschwindigkeiten um die Sonne.
- Die Planeten bewegen sich nicht kreisförmig, sondern in Ellipsen um die Sonne.

Kepler formulierte drei neue Gesetzmäßigkeiten zu den Umläufen der Planeten, die bis heute ihre Gültigkeit haben. Diese Gesetzmäßigkeiten werden nach ihrem Entdecker auch Keplersche Gesetze genannt und lauten:

1. Keplersche Gesetz:
   „Die Planeten bewegen sich auf elliptischen Bahnen. In einem ihrer Brennpunkte steht die Sonne“.
2. Keplersche Gesetz:
   „Ein von der Sonne zum Planeten gezogener Fahrstrahl (Leitstrahl) überstreicht in gleichen Zeiten gleich große Flächen“.
3. Keplersche Gesetz:
   „Die Quadrate der Umlaufzeiten zweier Planeten verhalten sich wie die Kuben (Kubikzahl) der großen Halbachsen ihrer Bahnellipsen“.

Die Planeten unseres Sonnensystems

Nachfolgend siehst Du eine Aufstellung der 8 Planeten in der Reihenfolge ihres Abstands zur Sonne, sowie einigen wissenschaftlichen Daten.

Aufstellung der Planeten

Planet	**Durchmesser (km)**	**Entfernung zur Sonne (Mio. km)**	**Monde**	**Umlaufzeit um die Sonne**
Sonne	1.400.000	-	0	-
Merkur	4.879	57,9	0	88 Tage
Venus	12.104	108,2	0	225 Tage
Erde	12.756	149,6	1	365 Tage
Mars	6.749	227,9	2	687 Tage
Jupiter	142.984	779	63	11,9 Jahre
Saturn	120.536	1.433	61	29,5 Jahre
Uranus	51.118	2.871	27	83,8 Jahre
Neptun	49.528	4.495	13	163,8 Jahre

Schaubild der Planeten

Tipp:

Es gibt ein einfaches Hilfsmittel, um sich die Namen der Planeten und ihre Reihenfolge zur Sonne zu merken. Im folgenden Satz entsprechen die Anfangsbuchstaben der einzelnen Worte den Anfangsbuchstaben der Planeten und sind des Weiteren auch in der richtigen Reihenfolge angeordnet.

MERKSATZ:

- *„**M**ein **V**ater **e**rklärt **m**ir **j**eden **S**onntag **u**nseren **N**achthimmel."*
- ***M**erkur – **V**enus – **E**rde – **M**ars – **J**upiter – **S**aturn – **U**ranus – **N**eptun*

AUFBAU DER ERDE

Wie heute nahezu alles wissenschaftlich betrachtet wird, trifft dies auch für die Erde als Ganzes zu. Der Wissenschaftsbereich der Geografie beleuchtet dabei mehrere Kriterien, z. B.:

- Die Erdoberfläche mit ihrem physischen Aufbau
- Die Zusammenhänge zwischen Menschen und Natur
- Die Analyse geografischer Gebiete und ihren Bewohnern

- Die Klima- und Landschaftsverhältnisse auf der Erde
- Die sozialen und politischen Verhältnisse

Der Aufbau der Erde

Die Erde ist keine „feste Kugel", sondern ein Aufbau von vier Schichten, die ineinander übergehen. Diese vier schichten sind von außen nach innen betrachtet:

- <u>Die Erdkruste</u>

  Als Erdkruste bezeichnet man die äußere Schale, den Boden des Planeten Erde. Die Tiefe der Erdkruste ist unterschiedlich heterogen, sie schwankt zwischen einer Tiefe von 10 bis 30 Kilometer. Die Zusammensetzung der Erdkruste an der Oberfläche besteht aus Gestein und Sand, mal mehr, mal weniger fest. Je tiefer die Erdkruste aber reicht, umso flüssiger und vor allem heißer wird sie. Bereits in einer Tiefe von 5 Kilometer können Temperaturen von + 200 Grad auftreten. Da beginnt auch der Übergang in die nächste Schicht der Erde. Die Erdkruste ist aber keine durchgängige Fläche, sondern setzt sich aus einzelnen Platten zusammen.

- Der Erdmantel

Der Erdmantel setzt sich aus dem oberen und dem unterem Erdmantel zusammen. Der obere Erdmantel beginnt in etwa 35 Kilometer Tiefe und reicht bis auf eine Tiefe von etwa 410 Kilometer Tiefe. Nach einer kleinen Übergangszone bis auf etwa 660 Kilometer Tiefe beginnt der untere Erdmantel, der bis zu einer Tiefe von etwa 2.900 Kilometer reicht. Im Bereich des unteren Erdmantels erreicht die Temperatur etwa 2.700 Grad Celsius und sorgt dafür, dass es zu Bewegungen kommt. Heißes Material steigt an den oberen, erkaltet und sinkt dann wieder an den unteren Rand des Erdmantels. Dieser Prozess, auch Konvektion genannt, führt aber auch dazu, dass sich die Platten der Erdkruste bewegen und teilweise gegeneinanderstoßen. Dadurch sind z. B. die heutigen Gebirge auf der Erde entstanden. Die Bewegung der Erdplatten ist mit der heutigen Technik sehr genau messbar. Sie beträgt im Durchschnitt 3 - 4 cm pro Jahr.

- Der äußere Erdkern

Der untere Erdmantel verschmilzt in etwa 3.000 Kilometer Tiefe mit dem äußeren Erdkern. Hier herrschen bereits Temperaturen von etwa 5.000 Grad Celsius und das Gestein wird zu einer ständig fließsenden Masse. Diese Reaktion sorgt nicht nur für elektrische, sondern auch für magnetische Ströme. Hier befindet sich der Ursprung des Magnetfeldes der Erde. Der äußere Erdkern reicht bis zu einer Tiefe von etwa 5.150 Kilometer, bevor er in den inneren Erdkern übergeht.

- Der innere Erdkern

  Hier herrschen mittlerweile Temperaturen von über 6.300 Grad Celsius und im Mittelpunkt der Erde, bei einer Tiefe von etwa 6.378 Kilometer, herrschen unvorstellbare 3,5 Millionen bar Druck. Diese Hitze sorgt für Bewegungen im Erdkern und der Druck löst gewaltige Kräfte aus, deren Auswirkungen die Menschheit bei Vulkanausbrüchen oder Erdbeben wahrnehmen kann.

Die Landfläche der Erde

Die Erde hatte nicht immer das heutige Aussehen. Es dauerte viele Jahrmillionen, bis die Erde ihr heutiges Aussehen erlangte. Das liegt daran, dass die Erdoberfläche eine Anhäufung von einzelnen Platten ist, die, wie bereits beschrieben, auf dem flüssigen Erdmantel „schwimmen“ und ständig in Bewegung waren und auch noch heute sind. Dies geschieht zwar sehr langsam, aber kontinuierlich. Dabei erfolgt die Verschiebung in wechselnden

Richtungen. So driften z. B. die europäische und die amerikanische Platte voneinander weg, während sich die afrikanische und die europäische Platte aufeinander zubewegen. Bewegen sich die Kontinentalplatten mit der heutigen Geschwindigkeit weiter, werden die australische und die asiatische Platte in etwa 60 Mio. Jahren zusammenstoßen und Australien keine Insel mehr sein.

Die Bewegung der Kontinentalplatten in der Vergangenheit ist heute wissenschaftlich belegbar. Vor etwa 200 Mio. Jahren gab es danach auf der Erde noch keine Kontinente, sondern nur eine kompakte Landmasse, die man heutzutage mit den Namen Pangäa bezeichnet. Die erste Bewegung setzte vor etwa 65 Mio. Jahren ein, aus der zwei Kontinente mit den Bezeichnungen Laurasia und Gondwana formten. Vor 60 Mio. Jahren entwickelten sich aus diesen beiden Kontinenten mehrere kleinere, die in ihren Ausmaßen den heutigen Kontinenten bereits sehr ähnlich sahen.

Die heutige Landfläche der Erde teilt sich in 7 Kontinente auf.

Kontinent	**Größe (Mio. km²)**	**Einwohner (Mio.)**	**Anteil an der Erdoberfläche (%)**	**Anteil an der Landfläche (%)**	**Anteil der Weltbevölkerung (%)**
Asien	44,4	4641	8,7	29,68	60,2
Afrika	30,3	1340	5,9	20,25	15,9
Nordamerika	24,9	368	4,9	16,64	7,8
Südamerika	17,8	653	3,5	11,90	5,7
Antarktika	13,2	3	2,5	8,82	0
Europa	10,5	747	2,1	7,03	9,9
Australien/ Ozeanien	8,5	42	1,7	5,68	0,5
Gesamt	**149,6**	**7.794**	**29,3**	**100,0**	**100**

Stand: Dezember 2020

Auf diesen Kontinenten befinden sich zurzeit 193 international anerkannte Nationen. Anerkannt bedeutet, dass diese Nationen von der Staatengemeinschaft der UNO aufgrund ihrer politischen Konstellation als selbstständige Nationen betrachtet werden. Neben den 193 anerkannten gibt es auch noch 13 nicht anerkannte Staaten (Stand: 10.20). Dabei handelt es sich um Landesteile, die sich von dem Mutterland abgespaltet haben, aber noch nicht unabhängig sind. Bekannte Beispiele sind z. B. die Republik Abchasiens als Teil der Nation Georgien, die Republik Somaliland als Teil der Nation Somalia oder die Region Bergkarabach als Teil der Nation Aserbaidschan.

Die zehn größten Nationen auf der Erde sind:

Staat	**Kontinent**	**Fläche (km²)**	**Hauptstadt**
Russland*	Europa / Asien	17.098.242	Moskau
Kanada	Nordamerika	9.984.670	Ottawa
USA	Nordamerika	9.833.517	Washington, D.C.
China	Asien	9.596.960	Peking
Brasilien	Südamerika	8.515.770	Brasilia

Australien	Australien	7.741.220	Canberra
Indien	Asien	3.287.220	Delhi
Argentinien	Südamerika	2.780.400	Buenos Aires
Kasachstan**	Europa /Asien	2.724.900	Astana
Algerien	Afrika	2.381.740	Algier

* 23 % der Landfläche zählt zu Europa

** 5 % der Landfläche zählt zu Europa

Wie du erkennen kannst, ist der Kontinent Europa nur bedingt aufgeführt. Zwei Staaten liegen mit Teilflächen auf zwei Kontinenten.

Die Wasserfläche der Erde

Die heutige Wasserfläche der Erde teilt sich in fünf Weltmeere auf. In einigen Statistiken werden auch sieben Weltmeere geführt. Hier werden aber sowohl der Atlantische als auch der Pazifische Ozean mit einem Nord- und einem Südteil geführt.

Bezeichnung	**Fläche (Mio. km²)**	**Tiefste Stelle (m)**
Pazifischer Ozean	166,2	11.034
Atlantischer Ozean	85,0	9.219
Indischer Ozean	74,9	8.047
Südpolarmeer	20,3	5.805
Nordpolarmeer	14,0	5.608
Gesamt	**360,4**	

Die tiefsten Stellen der Erde

Die tiefsten Stellen der Erde liegen alle unterhalb des Meeresspiegels und sind für den normalen Taucher nicht erreichbar. Der Umgebungsdruck in Tiefen von mehr als 10.000 Meter ist etwa 1.000-mal größer als an der Wasseroberfläche. Allerdings gibt es auch in diesen Tiefen Leben. Für Borstenwürmer ist dieses Gebiet wie geschaffen.

Der Drang der Menschen in diese Tiefen vorzudringen war aber groß. Schließlich schafften es zwei Tiefseeforscher, Jacques Picard (* 28.07.1922 – † 01.11.2008) und Don Walsh (* 02.11.1931) mit ihrem Tauchboot „*Trieste*" am 23.01.1960 auf eine Tiefe von 10.912 Metern zu tauchen. Fast 60 Jahre sollte dieser Rekord Bestand haben, bis am 28.04.2019 der amerikanische Abenteurer Victor Vescovo (* 10.02.1966) mit seinem Spezialtauchboot „*DSV Limiting Factor*" auf eine Tiefe von 10.928 Meter abtauchte.

Die tiefste Stelle der Erde mit 11.034 Metern liegt im Marianengraben im westlichen Pazifischen Ozean und ist bisher nur mit Tauchrobotern erreicht worden.

Aufstellung der 10 tiefsten Stellen der Erde

Name	Tief (m)	Lage	Ozean
Witjastief 1	11.034	Marianengraben	Pazifischer Ozean
Challengertief	10.984	Marianengraben	Pazifischer Ozean
Triestetief	10.916	Marianengraben	Pazifischer Ozean
Witjastief 2	10.882	Marianengraben	Pazifischer Ozean

Sirenatief	10.714	Marianen-graben	Pazifischer Ozean
Horizontief	10.647	Tongagra-ben	Pazifischer Ozean
Ramapotief	10.554	Boningra-ben	Pazifischer Ozean
Witjastief 3	10.542	Marianen-graben	Pazifischer Ozean
Galathea-tief	10.540	Philippi-nengraben	Pazifischer Ozean
Cape - Johnson - Tief	10.497	Philippi-nengraben	Pazifischer Ozean

Die höchsten Stellen der Erde

Um die höchsten Stellen der Erde zu erobern, muss man nach Asien gehen. Dort befinden sich in den Gebirgszügen des Himalayas und Karakorum die höchsten Berge der Welt. Die höchste Stelle der Welt würdest du mit der Besteigung des Mount Everest, 8.848 m hoch, erreichen. Um diese Höhe richtig einzuschätzen ein Vergleich mit dem höchsten Berg der Alpen, dem Mont Blanc mit einer Höhe von 4.810 Meter. Ein Leben auf dem Mount Everest ist kaum möglich. Eine Besteigung wird im Regelfall nur mit Sauerstoffgeräten durchgeführt.

Die Erstbesteigung des Mount Everest erfolgte am 29.05.1953 durch den Neuseeländer Edmund Hillary (* 20.07.1919 - † 11.01.2008) und Tenzing Norgay (* 15.05.1914 - † 09.05.1986) aus Nepal. Die Erstbesteigung ohne Sauerstoffgeräte glückte am 08.05.1978 dem Österreicher Peter Habeler (* 22.07.1942) und dem Südtiroler Reinhold Messner (* 17.09.1944).

Bis heute haben fast 300 Menschen beim Versuch einer Besteigung des Mount Everest ihr Leben verloren!

Aufstellung der 10 höchsten Stellen der Erde

Name	**Höhe (m)**	**Gebirge**	**Land**
Mount Everest	8.848	Himalaya	China / Nepal
K2	8.611	Karako-rum	China / Pakistan
Kanghend-zönga	8.586	Himalaya	Indien / Nepal
Lhotse	8.516	Himalaya	China / Nepal
Makalu	8.485	Himalaya	China / Nepal
Cho Oyu	8.188	Himalaya	China / Nepal
Dhaulagiri	8.167	Himalaya	Nepal
Manaslu	8.163	Himalaya	Nepal
Nanga Parbat	8.125	Himalaya	Pakistan
Annapurna 1	8.091	Himalaya	Nepal

Die Bevölkerung der Erde

Die Bevölkerung Erde ist in den letzten 2 Jahrhunderten explosionsartig angestiegen. Lebten vor 500 Jahren etwa 500 Millionen Menschen auf der Erde, sind es heute bereits 7,8 Milliarden. Ergebnisse aus statistischen Erhebungen zeigen, dass der Zuwachs der Weltbevölkerung im Jahr 2020 bei 157 liegt, **pro Minute!**

Entwicklung der Weltbevölkerung

Jahr	Bevölkerung
1500	500 Millionen
1804	1 Milliarde
1927	2 Milliarden
1960	3 Milliarden
1974	4 Milliarden
1987	5 Milliarden
1999	6 Milliarden
2011	7 Milliarden
2020	7,8 Milliarden
2023 *	8 Milliarden
2050 *	9,7 Milliarden

* Hochrechnung Stand: Dezember 2020

Weitere Fakten

- 70 % der Weltbevölkerung lebt in 20 Staaten
- Davon leben etwa 36 % in 2 Staaten mit mehr als 1 Milliarde Einwohner (China und Indien)
- Der Anteil der männlichen Bevölkerung beträgt 50,4 %
- Der Anteil der weiblichen Bevölkerung beträgt 49,6 %

Die 5 einwohnerstärksten Metropolregionen der Erde

Region	Einwohner (Mio.)	Fläche (km^2)	Land	Kontinent
Tokio	37,9	8.230	Japan	Asien
Jakarta	34,5	3.540	Indonesien	Asien
Delhi	29,6	2.232	Indien	Asien
Mumbai	23,3	944	Indien	Asien
Manila	23,0	1.873	Philippinen	Asien

Die 10 bevölkerungsreichsten Länder der Erde

Land	**Bevölkerung (Mio.)**	**Anteil der Weltbevölkerung**
Volksrepublik China	1.415	18,03 %
Indien	1.403	17,87 %
USA	335	4,27 %
Indonesien	276	3,52 %
Brasilien	218	2,78 %
Pakistan	211	2,69 %
Nigeria	210	2,68 %
Bangladesch	171	2,19 %
Russische Föderation	146	1,87 %
Mexiko	136	1,74 %

Die 10 größten Städte der Erde

Region	Einwohner (Mio.)	Land	Konti-nent
Tokio	38,0	Japan	Asien
Delhi	25,7	Indien	Asien
Shanghai	23,7	Volksrep. China	Asien
Sao Paulo	21,0	Brasilien	Südame-rika
Mumbai	21,0	Indien	Asien
Mexiko-Stadt	20,9	Mexiko	Nord-amerika
Peking	20,4	Volksrep. China	Asien
Osaka	20,2	Japan	Asien
Kairo	18,8	Ägypten	Afrika
New York	18,6	USA	Nord-amerika

Geschichte der Menschheit

Auch die Geschichte der Menschheit kann, analog zur übersichtlichen Gliederung bei der Literatur, in Zeitabschnitte (Epochen) dargestellt werden. Allerdings weisen diese Epochen, insbesondere in der Vor- und Frühgeschichte große regionale Unterschiede auf. Entwicklungsschritte erfolgten zwar im gleichen Kontext, aber der kulturelle Standard war insbesondere in der Anfangsgeschichte der Menschheit unterschiedlich. Die folgenden Ausführungen beziehen sich daher ausschließlich auf den europäischen Kontinent.

Da die Epochen fließend ineinander übergehen und teilweise ähnliche Merkmale aufweisen, wurde schon früh versucht, die gesamte Geschichte der Menschheit in wenige Gruppen einzuordnen. Im Jahr 1702 veröffentlichte der Historiker Christophorus Cellarius (* 22.11.1638 –† 04.06.1707), ein Professor an der damals neu gegründeten Universität zu Halle, sein dreibändiges Werk *„Historia Universalis"*. In seinem Werk schlug er vor, die Geschichte der Menschheit in drei übergeordnete Epochen aufzugliedern, in Antike (Vor- und Frühgeschichte), Mittelalter und Neuzeit. Bis heute gilt unter Historikern diese Gliederung als maßgebend. Aufgrund archäologischer Forschungen und alten handschriftlichen Aufzeichnungen wurden einige wenige Untergliederungen hinzugefügt.

EPOCHEN

Bevor dir die Epochen im Detail erläutert werden, ein kurzer Gesamtüberblick. Die angegebenen Jahreszahlen entsprechen Circa – Werte, da Epochen natürlich fließend ineinander übergehen. Bei einigen Haupt - Epochen sind auch Unter-Epochen definiert. Auf der nachfolgenden Seite sind die geschichtlichen Epochen aufgestellt.

Epoche	Beginn	Ende
Antike / Vorgeschichte	**4 Mio. Jh. v. Chr.**	**2,5 Mio. Jh. v. Chr.**
Antike / Frühgeschichte	**2,5 Mio. Jh. v. Chr.**	
Altsteinzeit	2,5 Mio. Jh. v. Chr.	9.500 v. Chr.
Mittelsteinzeit	9.500 v. Chr.	5.500 v. Chr.
Jungsteinzeit	5.500 v. Chr.	2.200 v. Chr.
Bronzezeit	2.200 v. Chr.	800 v. Chr.
Eisenzeit	800 v. Chr.	15 nach Chr.
Antike im Mittelmeerraum	8. Jh. v. Chr.	7. Jh. nach Chr.
Antikes Griechenland	8. Jh. v. Chr.	1. Jh. v. Chr.
Antikes Rom	8. Jh. v. Chr.	7. Jh. nach Chr.
Mittelalter	**5. Jh. nach Chr.**	**15. Jh. nach Chr.**
Frühmittelalter	500 n. Chr.	1080 n. Chr.
Hochmittelalter	1080 n. Chr.	1250. n. Chr.
Spätmittelalter	1250 n. Chr.	1450 n. Chr.
Neuzeit	**Ab 15. Jh. n. Chr.**	
Frühe Neuzeit	1450 n. Chr..	1650 n. Chr.
Jüngere Neuzeit	1650 n. Chr.	1789 n. Chr.
Neueste Zeit	1789 n. Chr.	bis heute

Vorgeschichte

(4 Mio. Jahre vor Chr. – 2,5 Mio. Jahre vor Chr.)

Die Wissenschaft ist mittlerweile zu der Erkenntnis gekommen, dass unsere Vorfahren aus dem östlichen Afrika stammen. Dort lebten vor etwa 8 Mio. Jahren affenähnliche Wesen. Aufgrund der klimatischen Entwicklung vor etwa 4 Mio. Jahren verließen sie den Urwald, eroberten die freien Savannen und versuchten dabei aufrechtgehend zu laufen. Es entwickelte sich ein Wesen, das heute als *Vormensch* bezeichnet wird. In den folgenden Jahrmillionen entwickelten sich mehrere Arten dieser *Vormenschen*, wissenschaftlich als *„Australopithecus"* (südlicher Affe) bezeichnet. Diese Wesen lebten ausschließlich in Afrika, entwickelten aber in der Folgezeit mehrere Arten.

Anhand von Knochenfunden konnte die Wissenschaft drei unterschiedliche Arten definieren:

- *„Australopithecus anamensis"*
- *„Australopithecus afarensis"*
- *„Australopithecus africanus"*

Spätestens jetzt wird sich bei dir die Frage stellen: Stammen wir Menschen von den Affen ab? Diese Frage kann man mittlerweile mir einen eindeutigen „Nein" beantworten. Bei den Knochenfunden konnte man feststellen, dass zwischen dem

Schneide- und Eckzahn keine Lücke besteht. Das ist der eindeutige Unterschied zu einem Affen. Auch die heutigen Menschen weisen diese Lücke nicht auf.

In den folgenden Jahrmillionen ging die Evolution dieser *Urmenschen* weiter und die Ausbreitung über die gesamte Welt begann.

Frühgeschichte

(2,5 Mio. Jahre vor Chr. - 15 nach Chr.)

Mit dem Begriff Frühgeschichte bezeichnet man den Zeitraum vor etwa 2,5 Millionen Jahren, über den erste schriftliche Aufzeichnungen der Menschheit vorliegen. Durch archäologische Funde ergaben sich auch die ersten Erkenntnisse über die Lebensweise der damaligen Menschen.

Altsteinzeit

(2,5 Mio. Jahre vor Chr. - 9.500 vor Chr.)

Die Altsteinzeit begann vor etwa 2 Mio. Jahren mit dem ersten Erscheinen des ersten Menschen aus der Gattung *Homo habilis* (= geschickter Mensch). Im Laufe der Altsteinzeit entwickelten sich weitere Gattungen des *Homo,* z. B. der *Homo erectus* (= aufrecht gehender Mensch) oder der *Homo sapiens* (= einsichtiger Mensch). Der *Homo erectus* ist heute auch als Neandertaler bekannt. In der Altsteinzeit entwickelte der *Homo* die Fähigkeit Werkzeuge aus Stein herzustellen, z. B. einfache Faustkeile.

Mittelsteinzeit

(9.500 vor Chr. – 5.500 vor Chr.)

Die Mittelsteinzeit begann mit einem klimatischen Wandel auf der Erde. Vor 9.500 Jahren führte eine Wärmeperiode nicht nur zum Schmelzen von Gletschern und Eis, sondern auch zu einem Wechsel und einem Aussterben der damals in Europa lebenden Tierarten. Die kältegewohnten Rentiere wanderten in den Norden ab, das Mammut starb aus. Riesige Waldgebiete begannen zu wachsen, die auch neuen Tierarten, wie z. B. Wildschwein, Rothirsch oder Auerochse eine neue Heimat boten. Diese Tiere waren nicht so einfach zu erlegen und die Menschen mussten neue Jagdtechniken erlernen. Man ging ab sofort mit Pfeil und Bogen bzw. Spieß und Lanze auf die Jagd. Um diese Jagdwerkzeuge effektiver zu machen, wurde an den Enden der Pfeile und Lanzen kleine, spitze behauende Feuersteine befestigt. Der behauende Feuerstein ist das typische Merkmal der Mittelsteinzeit.

Jungsteinzeit

(5.500 vor Chr. – 2.200 vor Chr.)

Bisher lebten die Menschen von der Jagd und zogen größtenteils den Tieren hinterher. Doch sie wurden langsam sesshaft. Um 5.500 v. Chr. wurden die ersten einfachen Behausungen errichtet und aus den Jägern wurden Hirten und Bauern. Die Menschen begannen Tiere zu halten, Getreide anzubauen und sich davon zu ernähren. Zur Aufbewahrung der Lebensmittel entwickelten die damaligen Menschen das Töpfern. Genau wie der Feuerstein für die Mittelsteinzeit, sind getöpferte Utensilien das typische Merkmal der Jungsteinzeit.

Bronzezeit

(2.200 vor Chr. - 800 vor Chr.)

Die Menschen wurden im Laufe der Jahrhunderte immer erfahrener. Ab etwa 2.200 v. Chr. wurden die Gegenstände des alltäglichen Lebens aus Metall, aus Bronze, hergestellt. Bronze wird durch eine Verbindung aus Kupfer und Zinn, im Verhältnis 9 zu 1, hergestellt. Kupfer und Zinn waren zu dieser Zeit bereits bekannt. Bronze war aber viel härter als Kupfer und daher besonders für Waffen und Werkzeuge bestens geeignet. So wurden z. B. die ersten Schwerter geschmiedet, aber auch einfacher Schmuck hergestellt. Auch die Lebensart der

Menschen änderte sich in der Bronzezeit. Befestigte Dörfer entstanden und untereinander wurde ein reger Handel gepflegt. Der Transport der Waren erfolgte mit Eseln oder gezähmten Pferden.

Eisenzeit

(800 vor Chr. - 15 nach Chr.)

Mit Beginn des 8. Jahrhunderts v. Chr. begannen die Menschen Eisen, aus Eisenerz, zu gewinnen. Eisenerz war fast überall in gebirgigen Gebieten vorhanden und somit leicht und vor allem schnell zu beschaffen. Die Herstellung von Waffen und Gebrauchsgegenständen wurde dadurch erheblich einfacher. Bronze verlor langsam seine Bedeutung und wurde nur noch für die Anfertigung von Schmuck verwendet.

Antike im Mittelmeerraum

(8. Jh. vor Chr. – 7. Jh. nach Chr.)

Die Kultur im Mittelmeerraum wurde ab dem 8. Jahrhundert vor Chr. durch das Altgriechische Reich und ab dem 5. Jahrhundert vor Chr. durch das Römischen Reich geprägt. Andere Reiche, wie z. B. die Etrusker, Ägypter, Phönizier, Iberer und Perser spielten lediglich eine untergeordnete bzw. kurzfristige Rolle. Beide Reiche dehnten ihren Einfluss durch unzählige Eroberungskriege aus und zwangen die unterlegenen Kulturen ihre Lebensweise und Kultur auf. Diese Expansionspolitik führte zu einem großen wirtschaftlichen Reichtum im Mittelmeerraum mit einer stetig steigenden Bevölkerungszahl. So entstanden die ersten Großstädte der Erdgeschichte, die sich sehr schnell zu Metropolen und Handelszentren entwickelten.

Antikes Griechenland

(8. Jh. vor Chr. - 1. Jh. vor Chr.)

Das antike Griechenland bestand aus mehreren Städten, die alle für sich ein eigenes Staatsgebilde darstellten. Diese Stadtstaaten standen in direkter Konkurrenz zueinander, gleich ob es sich um Handel oder der Machtexpansion betraf. Zu den bekanntesten Stadtstaaten gehörten Athen, Troja und Sparta. Trotz dieser Konkurrenz untereinander blühte in den Städten die erste europäische Kultur auf. So beeinflussen noch heute die damaligen Erkenntnisse aus der Philosophie bzw. den Bereichen der Physik, Mathematik und Astronomie die heutige europäische Zivilisation. Literatur und Architektur des alten Griechenlands geben uns heute ein umfassendes Wissen über das Leben im antiken Mittelmeerraum. Auch eine sportliche Veranstaltung, die mittlerweile als wichtigste Sportveranstaltung der Neuzeit bezeichnet wird, fand im alten Griechenland ihren Ursprung, die Olympischen Spiele.

Das alte Griechenland ist auch die Geburtsstätte der Demokratie. Zwischen dem 5 Jh. vor Chr. und dem 4. Jh. vor Chr. wurde der Stadtstaat Athen von einer funktionierenden Volksherrschaft regiert. Die Bewohner Athens wählten im jährlichen Rhythmus den sogenannten *„Rat der Fünfhundert“*. Dieser Rat hatte mehrere Aufgaben. Die beiden wichtigsten waren:

- Die Beamten der Stadt und ihrer Tätigkeiten zu kontrollieren
- Entscheidungen für politische Vorgänge herbeizuführen.

Der Begriff „Demokratie“ stammt im Übrigen aus dem griechischen Sprachschatz. Er setzt sich aus den Worten *„demos“* (= Volk) und *„kratein“* (=herrschen) zusammen.

Antikes Rom

(8. Jh. v. Chr. - 7. Jh. nach Chr.)

Der Sage nach, wurde die Stadt Rom von den Brüdern Remus und Romulus, beide Söhne des Kriegsgottes Mars, im Jahr 753 vor. Chr. gegründet. Beide Brüder wurden kurz nach ihrer Geburt ausgesetzt und von einer Wölfin genährt und großgezogen. Als beide erwachsen wurden, wollten sie eine Stadt gründen. Romulus zog mit einem Pflug einen großen Kreis, in dem die Stadt Rom errichtet werden sollte. Zum Schutz dieser Stadt errichtete Romulus um diesen Kreis eine Mauer. Remus empfand diese Mauer eher als eine lustige Idee und sprang immer wieder über diese Mauer. Darüber war Romulus derart verärgert, dass er im Streit seinen Bruder erschlug. Nach dieser Tat gründete Romulus auf dem Berg Palatin die Stadt Rom.

Denkmal von Romulus und Remus mit der Wölfin

Das Ganze ist lediglich eine schöne Geschichte und nicht wahrheitsgemäß. Nur das Gründungsjahr stimmt. Im Jahr 753 vor Chr. wurde die Stadt Rom tatsächlich gegründet. Allerdings aus einem Zusammenschluss mehrerer Dörfer, die auf sieben, nebeneinander liegenden, niedrigen Hügeln, errichtet waren. Noch heute bezeichnet man daher Rom als die *„Stadt auf den sieben Hügeln"*. Die bekanntesten Hügel Roms sind Palatin und Kapitol.

In den folgenden Jahrhunderten entwickelte sich Rom zu einem bedeutenden Handelsplatz und begann mit Kriegszügen seinen Einfluss in der Region auszubauen. Immer mehr Gebiete wurden unterworfen und Rom entwickelte sich zur führenden Macht im Mittelmeerraum. Aus den kleinen sieben

Dörfern wurde im Laufe der Zeit eine strahlende Metropole, vermutlich die erste Großstadt nach heutigem Denken.

Durch erfolgreiche kriegerische Auseinandersetzungen mit den Nachbarvölkern wurde Rom zur vorherrschenden Macht im Mittelmeerraum. Im Laufe des 1. Jh. vor Christus erweiterte Rom sein Herrschaftsgebiet Richtung Westen bis ins heutige Spanien *(Hispania)*, Richtung Norden bis ins heute Großbritannien *(Britannia)*, Richtung Osten bis Mesopotamien *(Mesopotamia)* und Richtung Süden entlang der gesamten Mittelmeer - Küstenregion. Ab dem Jahr 30 nach Chr. beherrschte Rom fast die gesamte Welt, soweit sie zu diesem Zeitpunkt bekannt war.

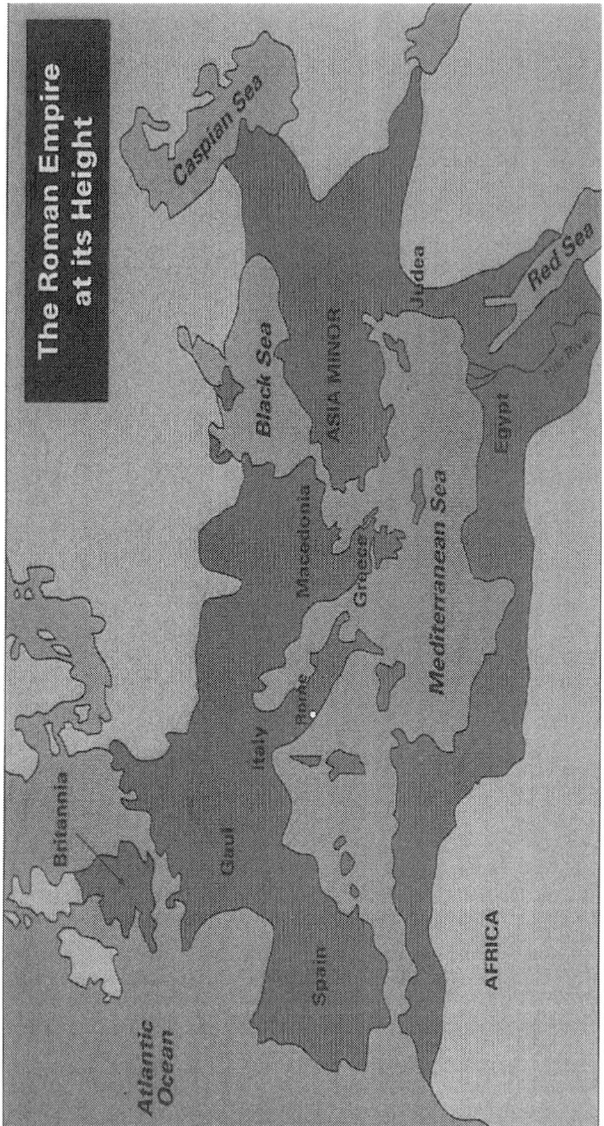

Das Römische Reich im Jahr 30 nach Chr.

Die große Ausdehnung des Reiches führte aber zu immer neuen Problemen, insbesondere in der Sicherung der Außengrenzen. Aber auch Machtkämpfe innerhalb der Herrschenden führten ab dem Jahr 250 nach Chr. zum langsamen Zerfall des Riesenreiches. Im Osten fielen die Perser, im Norden die Germanen, im Osten die Hunnen und im Süden arabische Beduinenstämme in das Reich ein. Rom stand dieser Situation hoffnungslos gegenüber.

Schlussendlich wurde das Römische Reich im Jahr 395 nach Chr. in zwei Teile aufgeteilt,

- in das Weströmische Reich mit der Hauptstadt Ravenna
- in das Oströmische Reich mit der Hauptstadt Konstantinopel

Der Verfall des ehemaligen Römischen Reiches war aber nicht mehr aufzuhalten. Im Jahr 480 nach Chr. endete das Weströmische Reich mit dem Tod des letzten Kaisers *Julius Nepos*. Das Oströmische Reich zerfiel in zwei Schritten. Ab dem 7. Jahrhundert hatte es sein Machtgebiet nur noch in dem südlichen Griechenland und in Kleinasien (heutige Türkei). Mit der Eroberung durch die Osmanen im Jahr 1453 endete das Oströmische Reich.

Mittelalter

(5. Jh. nach Chr. - 15. Jh. nach Chr.)

Der Übergang von der Antike ins Mittelalter ist nicht genau definierbar. Es ist eher ein fließender Übergang. Das Mittelalter wird unter Historikern auch als düsteres Zeitfenster betrachtet. Der überwiegende Teil der Bevölkerung lebte in Armut und musste ständig ums Überleben kämpfen. Währenddessen lebte die herrschende Klasse in Saus und Braus und feierte rauschende Feste. Dazu kamen Katastrophen, wie z. B. der Ausbruch der Pest, die Hexenverfolgung, die Inquisition und unzählige kriegerische Auseinandersetzungen. Die Todesrate in der einfachen Bevölkerung war enorm hoch.

Das Mittelalter lässt sich in drei Zeitgruppen einteilen, die nachfolgend beschrieben werden.

Frühmittelalter

(500 nach Chr. - 1080 nach Chr.)

Die Zeit des Frühmittelalters wurde stark von der Landwirtschaft und dem Handwerk geprägt. Durch die Erzeugnisse aus der Landwirtschaft konnte sich die mittlerweile sesshafte Bevölkerung nicht nur ernähren, sondern auch Leistungen, z. B. von den Handwerkern bezahlen. In dieser Zeit änderte sich aber auch die gesellschaftliche Ordnung in der Bevölkerung. Es wurden Standesränge eingeführt, die jeder für sich individuelle, gesellschaftliche Aufgabe zu erfüllen hatten. Dazu wurde die Bevölkerung in insgesamt 4 Stände unterteilt:

1. Klerus

   Dieser Stand bildete die Spitze der gesellschaftlichen Ordnung. In ihm waren sämtliche geistliche Würdenträger vereint. Ihre Aufgabe bestanden darin, die Bevölkerung auf dem Weg des „richtigen" Glaubens zu halten und ihr damit den inneren Frieden und eine sittliche Festigung zu gewährleisten. Da im frühen Mittelalter nur wenige Menschen lesen konnten, war es für die Geistlichen nicht allzu schwer, aus der Bevölkerung gläubige Menschen zu erziehen. Natürlich erfolgten diese „guten Taten" nicht ohne einen entsprechenden Tribut. Der Klerus konnte einen sehr guten Lebensstandard pflegen, während die Bevölkerung in bitterer Armut leben musste.
2. Adel

   Während der Klerus für das geistliche Wohlbefinden zuständig war, übernahm der Adel den Schutz der weltlichen Sicherheit der Bevölkerung. In den Stand des Adeligen konnte man im Regelfall aber nur durch Geburt und Besitz kommen. In seltenen Ausnahmen wurden Einzelne durch ihre persönliche Leistung, meistens durch Heldentum bei den kriegerischen Auseinandersetzungen, in den Stand des Adels erhoben. Auch der Adel lebte gut, zumal die Menschen auf dem Besitz ihres adeligen Herrn Land- und Viehwirtschaft betrieben und von den Produkten bzw. Erlösen einen entsprechenden Anteil abgeben mussten.

3. Bauern / Bürger

   Über die gesamte Zeitspanne des Mittelalters betrug der Anteil der Bauern in der gesamten Bevölkerung etwa 90 %. In der Phase des Frühmittelalters gab es noch eine große Anzahl freier Bauer. Das sollte sich aber in den späteren Epochen ändern. Die oberste Pflicht der Bauern bestand darin, dem Guts- oder Lehnherrn entweder Abgaben zu übertragen oder im Frondienst Arbeitsleistungen zu erbringen. Im Gegenzug garantierte der Guts- oder Lehnherr Schutz und Sicherheit.

4. Tagelöhner, Knechte und Mägde usw.

   In diesem Stand wurden alle Menschen mit „niederen" Aufgaben geführt. Ihren Unterhalt verdienten sie tagesweise, in der Regel niedere Arbeiten ohne feste Anstellung. Menschen aus diesem Stand befanden sich in der Hierarchie sehr weit unten.

Hochmittelalter

(1080 nach Chr. - 1250 nach Chr.)

Das Hochmittelalter war einerseits die prägende Zeit der Ritter und ihren unzähligen Kreuzzügen, andererseits gab es erste Reformbewegungen der Kirche. In Klöstern und Städten wurden Schulen gegründet, die den allgemeinen Wissenstand der Bevölkerung verbesserten. Das führte dazu, dass nunmehr nicht nur die geistlichen und weltlichen Würdenträger, sondern auch Bauern und Bürger schreiben und lesen konnten.

Spätmittelalter

(1250 nach Chr. - 1450 nach Chr.)

In dieser Epoche erlebte das Bürgertum, insbesondere in den Städten einen regen Aufschwung. Und das obwohl in diese Zeitspanne u. a. die Pest mehr als die Hälfte der Bevölkerung auslöschte und der 100jährige Krieg (1337 - 1453) in Europa ausbrach. Nach Ende des Krieges verloren die Ritter und Lehensherren an Einfluss und Macht. Dafür wurden die Kunst und die Wissenschaft stark gefördert. Im Spätmittelalter erfolgte z. B. die Erfindung des Buchdrucks im Jahr 1450 durch Johannis Gutenberg. Diese Erfindung sollte die gesamte Weltgeschichte verändern.

Neuzeit

(ab 16. Jh. nach Chr.)

Unter dem Begriff Neuzeit versteht man die letzte der drei großen Epochen der Weltgeschichte. Es wird aber unterschieden in die Epochen:

- Frühe Neuzeit (1450 - 1650)
- Jüngere Neuzeit (1650 - 1789)
- Neuste Zeit (1789 bis heute)

Frühe Neuzeit

(1450 nach Chr. - 1650 nach Chr.)

Die Epoche der Frühen Neuzeit wurde durch bedeutsame geschichtliche Ereignisse geprägt, die vorhandene Strukturen im alten Europa einschneidend verändern sollten.

1453 - Das Osmanische Reich eroberte die Stadt Konstantinopel und beendete zum einem den Einfluss des Christentums im östlichen Mittelmeer und versperrte zum anderen den Landweg für europäische Händler nach Indien. Dies führte dazu, dass spanische und portugiesische Seefahrer einen Seeweg nach Indien suchten.

1492 - Ein kleiner, aber sehr bedeutender Nebenerfolg dieser Suche war die Entdeckung eines neuen Kontinents. Der aus Genua stammende Seefahrer Christof Kolumbus entdeckte auf einer dieser

Suchfahrten den Kontinent Amerika. Diese Entdeckung eröffnete völlig neue Handelsrouten und vergrößerte dadurch den Einfluss von Handelstreibenden, Bankiers und Handwerkern auf die Bevölkerung. Neue Arbeitsplätze wurden geschaffen und die Lebensbedingungen der Bevölkerung änderten sich.

1517 - Zu Beginn des 16. Jahrhunderts begann eine Erneuerung der Kirche, die Reformation. Diese Erneuerung sollte die kirchliche Struktur bis heute beeinflussen. Als Beginn der Reformation wird unter Historikern der 31.10.1517 betrachtet. An diesem Tag schlug der Mönch und Professor der Theologie Martin Luther (* 10.11.1483 - † 18.02.1546) seine 95 Thesen an die Kirchentür der Schlosskirche in Wittenberg. Martin Luther erkannte den groben Verfall des Glaubens, der durch das persönliche Erscheinungsbild der Kirchenführer herbeigeführt wurde und seinen Höhepunkt im Verkauf sogenannter Ablassbriefe fand. Mit dem Kauf der Ablassbriefe sollten den Menschen ihre Sünden erlassen werden. Es war eine simple Geldschneiderei, die den christlichen Thesen des Evangeliums eindeutig widersprach. Die Reformation sollte auf Dauer die damalige Kirche in zwei christliche Strömungen teilen.

1648 - Im Zeitraum vom dem 15.05. - 24.10.1648 wurden in den Städten Münster und Osnabrück mehrere Friedensverträge geschlossen, die allgemein als *Westfälischer Frieden* bezeichnet werden. Diese Friedensverträge beendeten den *Dreißigjährigen Krieg* von 1618 - 1648. Genau betrachtet, handelte es sich nicht um eine kriegerische Auseinandersetzung, sondern um mehrere. Es ging um die politische Hoheit in Europa und sehr schnell kämpfte quasi jeder gegen jeden. Die einzelnen Truppen zogen marodierend durch die Länder und brachten viel Leid über die Bevölkerung, die den Willkürlichkeiten der Soldaten schonungslos ausgesetzt war. Hinzu kam, dass in Europa eine religiöse Veränderung für weitere Auseinandersetzungen sorgte.

Jüngere Neuzeit

(1650 nach Chr. - 1789 nach Chr.)

In der Epoche der Jüngeren Neuzeit änderte sich in Europa, auch als Auswirkung des *Westfälischen Friedensvertrag,* die feudale Ordnung in Europa. Die Herrscher der Staaten führten Reformen durch, alle mit dem Hintergrund Einfluss in Europa zu erringen und das jeweilige Reich zu einer Großmacht aufsteigen zu lassen.

1682 bis 1725 - Zar Peter der Große begann das alte, träge und fast altertümliche Russland zu modernisieren. Er holte sich holländische Kaufleute und Seefahrer ins Land, die sowohl den Handel im Land modernisierten, aber auch dafür sorgten, dass

Peter der Große im Jahr 1695 die erste russische Marine gründete. Mit seinem großen Interesse an neuesten Techniken zog Peter der Große viele Gelehrte und Techniker ins Land. So wurde aus dem ehemaligen bäuerlichen Russland ein moderner Staat und mit der Macht seiner Seestreitkräfte zu einer europäischen Großmacht.

1683 - Zum zweiten Mal nach 1529 drangen die Osmanen in Europa vor und belagerten die Stadt Wien. In mehreren Schlachten wurden die Osmanen allerdings wieder zurückgedrängt und am 11.09.1697 in der Schlacht bei *Zenta* (im heutigen Ungarn) besiegt. Mit dem *Friedensvertrag von Karlowitz* (im heutigen Serbien) am 26.01.1699 stieg Österreich zur Großmacht in Europa auf.

1740 bis 1786 - Friedrich der Große (auch „Alter Fritz" genannt) führte das Land Preußen zu einer weiteren Großmacht in Europa.

1789 - Am 14.07.1789 wurde das Pariser Stadtgefängnis (Bastille) von aufgebrachten Einwohnern der Stadt gestürmt. Es war der Beginn der *Französischen Revolution*, die unter Historikern das Ende der Epoche Jüngeren Neuzeit bildete, gleichzeitig aber die Epoche Neuste Zeit einläutete.

Neueste Zeit

(1789 nach Chr. - bis heute)

Die *Französischen Revolution* war nicht nur ein wichtiges geschichtliches Ereignis, sondern auch die entscheidende Phase bei der Einführung der Demokratie in den Staaten Europas. Geprägt wurde die Anfangszeit der Epoche aber zu Beginn von einem französischen General mit korsischer Abstammung, Napoleon Bonaparte, der spätere Kaiser Napoleon I.

<u>1799</u> - In diesem Jahr stellte sich Napoleon Bonaparte an die Spitze eines Aufstandes in Frankreich und übernahm die Macht im Staate. In den folgenden Jahren sollte er durch seine Kriegszüge den Großteil Europas erobern. Auch wenn er von Historikern als erster Diktator der modernen Zeit bezeichnet wird, hat er durch seine Reformen (auch in den eroberten Gebieten) nicht nur das Recht der Bürger gestärkt, sondern auch innerhalb der Gerichte bzw. der Verwaltung, den Grundstock für die heutige demokratischen Strukturen in Europa gelegt.

<u>1813</u> - In der Völkerschlacht von Leipzig vom 16. -19.10.1813 endete der Expansionsdrang von Napoleon Bonaparte in Europa. Ein Heer von etwa 510.000 Soldaten aus Österreich, Russland, Schweden und Preußen siegte in der Schlacht und zwang das französische Heer zum Rückzug.

1814 - 1815 - Vom 18.09.1814 - 09.06.1815 wurde in Wien über die neue Ordnung in Europa verhandelt. Diese Verhandlungen, auch *Wiener Kongress* bezeichnet, führten zu einschneidenden Ergebnissen führen:

- das ehemalige Machtpotential der europäischen Großmächte (Russland, Österreich, England, Frankreich und Preußen) wurde wiederhergestellt.
- Es erfolgte die Gründung des Deutschen Bundes.

Der Deutsche Bund bestand aus insgesamt 34 Staaten und 4 freien Städten. Er sollte sowohl nach innen als auch nach außen für Sicherheit in Europa sorgen. Die Gründerstaaten behielten zwar ihre Souveränität, gründeten aber als gesetzgebendes Organ den Bundestag mit Sitz in Frankfurt / Main. Die Politik dieses neuen Bundes wurde aber stark von Preußen und Österreich bestimmt. Im Jahr 1866 wurde der Deutsche Bund wieder aufgelöst und 5 Jahre später wurde das *1. Deutsche Kaiserreich* proklamiert.

Weitere prägende Ereignisse der Neusten Zeit, auch außerhalb Europas sind u. a.:

1775 - 1783 – Unabhängigkeitskrieg in Nordamerika. Unter der Führung von George Washington kämpfen 13 Kolonialstaaten gegen die britische Verwaltung.

1789 - George Washington wird zum 1. Präsidenten der Vereinigten Staaten von Amerika gewählt.

1805 - Die englische Marine schlägt in der Seeschlacht von Trafalgar die Koalition von Frankeich und Spanien vernichtend. Diese Niederlage bedeutet das Ende der Hoheit beider Staaten auf den Meeren der Erde.

1861 - 1865 - Zwischen den Nord- und Südstaaten der USA entwickelt sich ein Bürgerkrieg, der sogenannte *Sezessionskrieg*, der mit einem Sieg der Nordstaaten unter der Führung von Abraham Lincoln endet.

1914 - 1918 - 1. Weltkrieg

1917 - Oktoberrevolution und Abschaffung der Monarchie in Russland.

1918 - Abdankung von Kaiser Wilhelm II. und Ende der Monarchie in Deutschland.

1933 - Am 30.01.1933 wird Adolf Hitler zum deutschen Reichskanzler gewählt.

1939 - 1945 - 2. Weltkrieg.

1945 - Am 26.06.1945 wird in San Francisco (USA) die *Organisation der Vereinten Nationen (UNO)* gegründet.

1949 - Gründung der Bundesrepublik Deutschland (BRD) am 23.05.1949.

1949 - Gründung der Deutschen Demokratischen Republik (DDR) am 07.10.1949.

1958 - Am 01.01.1958 tritt der Vertrag von Rom in Kraft. Er gilt als die Geburtsstunde der heutigen Europäischen Gemeinschaft (EU). Zu den Gründerstaaten gehörten Deutschland, Italien, Belgien, Frankreich, Luxemburg und die Niederlande. Mittlerweile ist die EU auf 28 Staaten angewachsen.

1961 - Bau der Berliner Mauer.

1962 - Vom 16.10 - 26.10.1962 blickte die gesamte Welt auf die Karibikinsel Kuba. Die UDSSR war im Begriff auf der Insel, in erreichbarer Nähe zur USA, Raketen zu stationieren. Die USA verhängte daraufhin eine Seeblockade gegenüber Kuba. Die Welt stand am Beginn des 3. Weltkriegs.

1964 - Beginn des Vietnamkrieges. Die USA steigen in die kriegerischen Auseinandersetzungen mit den kommunistischen Untergrundkämpfern der Vietcong aus Nordvietnam ein.

1975 - Ende des Vietnamkrieges. Die USA ziehen sich als Verlierer aus diesem Krieg zurück. Die Staaten Kambodscha und Laos werden kommunistisch.

1969 – Am 21.07.1969 betritt der amerikanische Astronaut Neil Armstrong als erster Mensch den Mond.

1989 – Fall der Berliner Mauer und Grenzöffnung in der DDR

1990 – Wiedervereinigung beider deutschen Staaten am 03.10.1990.

1999 – Das sogenannte Millenium führt am 31.12.1999 das 20. Jahrhindert in das 21. Jahrhundert.

2000 - Das vorhergesagte Chaos bei der Umstellung der Computer trat nicht ein.

2002 – Am 01.01.2002 wird der Euro als offizielles Zahlungsmittel im Gebiet der Europäischen Union, allerdings nicht von allen Mitgliedstaaten, eingeführt. Noch heute gilt in den Staaten Polen, Tschechien, Dänemark, Schweden, Rumänien, Bulgarien, Ungarn, Großbritannien und Kroatien eine eigene Währung.

2016 – Nach einem Referendum in Großbritannien stimmen knapp 52 % der Wahlberechtigten für einen Austritt aus der EU. Die Austrittsverhandlungen, der sogenannte Brexit, beginnen.

2021 – Ab 01.01.2021 verlässt Großbritannien die EU und ist ab diesem Zeitpunkt nicht mehr Teil der Zollunion und des europäischen Binnenmarktes.

Die sieben Weltwunder

Bevor du dich in dieses Kapitel vertiefst, werden bei dir bestimmt zwei Fragen aufkommen:

1. Was sind eigentlich Weltwunder?
2. Warum sind es genau sieben Weltwunder und nicht die Anzahl „XY"?

Die erste Frage ist einfach zu beantworten, indem man auf die Erläuterung im Duden zurückgreift. Dort findet man diese Erklärung:

"etwas ganz Außergewöhnliches, das allgemeine Bedeutung erregt".

Bei der zweiten Frage wird die Antwort schon etwas umfangreicher. Die Zahl „7" hatte bei allen Kulturen der Vergangenheit einen besonderen Stellenwert. Wissenschaftler vermuten, dass der Ursprung des Mythos um die Zahl „7" im alten Babylon lag. Durch schriftliche Aufzeichnungen konnte man ermitteln, dass im alten Babylon die Zahlen mit Eigenschaften in Verbindung gebracht wurden. So stand die Zahl „3" für die Verbindung von Vater, Mutter und Kind. Die Zahl „4" für die irdischen Elemente Luft, Erde, Wasser und Feuer. Die Summierung beider Zahlen ergab nicht nur die Zahl „7", sondern wurde mit dem Geheimnis des Lebens gedeutet.

Diese Deutung sollte sich in den nachfolgenden Kulturen immer wiederfinden.

Zu Zeiten der Pharaonen betrachteten die ägyptischen Gelehrten die Zahl „7" als heilig. Zum einen entstand die Zahl „7" durch die Teilung des Mondmonats (28 Tage) mit der Wochenzahl (4), zum anderen wurden zu dieser Zeit die 7 Planeten des Sonnensystems entdeckt, die im Glauben der Ägypter Gottheiten darstellten.

Im alten Griechenland wurden die heiligen Tempelanlagen häufig mit dreieckigen bzw. viereckigen Ornamenten verziert, da Dreiecke und Vierecke als vollendete Elemente galten. Somit wurde auch in dieser Kultur die „7" als Summe aus „3" und „4" als heilig betrachtet.

Auch im Judentum nimmt die „7" eine große Bedeutung ein. So beginnt die Thora (der erste Teil der hebräischen Bibel) mit der Schöpfungsgeschichte, die 7 Tage (=1 Woche) andauerte. Da im Judentum die Woche mit einem Sonntag beginnt, ist der 7. Tag folglich ein Samstag. Dieser Tag wird von den Juden nicht nur als Ruhetag, sondern auch als Feiertag, dem sogenannten Schabbat, angesehen. Und das jede Woche!

Auch bei den Christen spielt die Zahl „7" eine wichtige Rolle. In der Bibel findest du die letzten Aussprüche von Jesus Christus, am Kreuz hängend.

Die Kirche hat aus diesen Aussprüchen offiziell als *„die letzten sieben Worte“* deklariert:

1. *„Vater vergib Ihnen, denn sie wissen nicht was sie tun!“*
2. *„Weib, siehe das ist dein Sohn! Johannes, siehe das ist deine Mutter!“*
3. *„Wahrlich, ich sage dir, heute wirst du mit mir im Paradies sein!“*
4. *„Mein Gott, mein Gott, warum hast du mich verlassen?“*
5. *„Mich dürstet!“*
6. *„Es ist vollbracht!“*
7. *„Vater, ich befehle meinen Geist in deine Hände!“*

Wenn man von den sieben Weltwundern redet, bezieht man dies umgehend auf das Altertum. Das ist aber grundlegend falsch, denn nach neuesten Betrachtungen werden weitere Gruppen von Weltwundern betrachtet:

- Die sieben Weltwunder der Antike
- Die sieben Weltwunder der Neuen Zeit
- Die sieben Weltwunder der Modernen Zeit
- Die sieben Weltwunder der Natur

DIE SIEBEN WELTWUNDER DER ANTIKE

Von den Weltwundern der Antike ist nur noch eins bis in die heutige Zeit komplett erhalten. Von den restlichen sechs Weltwundern sind entweder nur noch Ruinen vorhanden oder es wird in alten Schriften darauf hingewiesen. Deshalb ranken sich auch viele Geschichten, Mythen und Legenden um sie. Im Einzelnen sind es …

Die Pyramiden von Gizeh

(Bild 1 + 2)

Es ist das einzige Weltwunder, das bis heute noch komplett erhalten ist. Sie wurden vor etwa 4.500 Jahren am Rande der Libyschen Wüste als letzte Ruhestätte der ägyptischen Pharaonen errichtet. Die größte und bekannteste dieser Bauwerke ist die *Cheops Pyramide,* Grabstätte des *Pharaos Cheops,* mit einer Höhe von etwa 147 Meter. Die Grundfläche der Pyramide beträgt 230 Meter x 230 Meter, also knapp 53.000 m².

Direkt vor den Pyramiden befindet sich die Statue der Sphinx von Gizeh.

Die Hängenden Gärten von Semiramis

(Bild 3)

Ob dieses Weltwunder wirklich existierte, ist nicht zweifelsfrei gesichert. Es gibt nur wenige unklare Aufzeichnungen aus alten Schriftrollen. In diesen Aufzeichnungen wird von einem großen botanischen Garten berichtet, der in quadratischer, terrassenförmiger Bauweise mit Seitenlängen von 120 Metern angelegt war. Die Terrassen sollen etwa 30 Meter hoch gewesen sein und waren durch die hängenden Pflanzen verdeckt. Vermutet wird, dass sich dieser Garten in oder in der Nähe der Stadt Babylon befand.

Der Koloss von Rhodos

(Bild 4)

Bei diesem Weltwunder soll es sich um eine etwa 30 Meter hohe Bronzestatue, die über der Hafeneinfahrt der Stadt Rhodos breitbeinig stand, gehandelt haben. In der rechten Hand trug die Statue eine Fackel, in der linken Hand einen Speer. Allerdings ist das Aussehen der Statue nur Fiktion, da keine genauen Unterlagen oder Zeichnungen vorliegen. Gesichert ist aber, dass es dieses Weltwunder wirklich gab. Die Statue wurde nach einer glücklich überstandenen Belagerung der Stadt Rhodos in den Jahren 304 - 292 vor Chr. angefertigt. Als Vorbild diente der Schutzpatron der Insel, *Helios*. Baumeister war Chares von Lindos.

Obwohl dieses Weltwunder nicht mehr existiert, ist es noch heute das Wahrzeichen von Rhodos.

Der Tempel der Artemis in Ephesos

(Bild 5)

Der Tempel der Artemis wurde im Jahr 1398 vor Chr. in der griechischen Stadt Ephesos in Kleinasien (heutige Türkei) das erste Mal errichtet, allerdings durch ein Feuer komplett vernichtet und im Jahr 356 vor Chr. erneut aufgebaut. Er war zur damaligen Zeit der größte Tempel der Welt, erbaut aus weißem Marmor. Seine Ausmaße betrugen in der Länge etwa 125 Meter, in der Breite etwa 65 Meter. Insgesamt 127 Säulen, jede etwa 18 Meter hoch und 20 Tonnen schwer, trugen die Dachkonstruktion. Im Jahr 262 nach Chr. wurde der Tempel bei Raubzügen der Goten erneut zerstört. Erst im Jahr 1869 wurden die Fundamente und einige Fragmente dieses Tempels wiederentdeckt.

Die Zeus-Statue in Olympia

(Bild 6)

Der Ort Olympia auf der griechischen Halbinsel Peloponnes wurde hauptsächlich durch die regelmäßig ausgetragenen Olympischen Wettspiele der Antike bekannt. Es stand aber hier auch ein Tempel, dem Göttervater Zeus gewidmet. Seit dem Jahr 456 vor Chr. befand sich eines der 7 Weltwunder der Antike, die Statue des Zeus, in diesem Tempel. Aus schriftlichen Überlieferungen ist es heute möglich, das Aussehen dieser Statue genau zu beschreiben. Der Göttervater Zeus saß auf seinem Thron mit einer hohen Rückenlehne. Er war mit einem Mantel bekleidet, hielt in der linken Hand einen Zepter, auf dem ein Adler ruhte und in der rechten Hand die Göttin des Sieges, Nike. Der Kopf des Zeus war mit einem Ölbaumkranz geschmückt, dem äußeren Zeichen des Sieges. Seine Füße ruhten auf einer Bank, die von zwei Löwen getragen wurde. Diese Bank trug auch die Inschrift des Erbauers dieser Statue, dem griechischen Bildhauer Phidias (* um 500/490 v. Chr. - † um 430/420 vor Chr.). Die Gesamthöhe der Statue betrug etwa 12 Meter.

Der Leuchtturm auf der Insel Pharos

(Bild 7)

Einer der ersten erbauten Leuchttürme der Welt soll auf einer kleinen Insel in Ägypten vor der Stadt Alexandria gestanden haben. Auch von diesem Weltwunder ist heute nichts mehr vorhanden. Erbaut wurde er in den Jahren 299 - 279 vor. Chr. und soll eine Höhe von etwa 120 Meter erreicht haben. Mit dieser Höhe würde der Leuchtturm auf Pharo noch heute zu den höchsten der Welt gehören. Errichtet aus weißen Steinen, auf einer mit Götterstatuen verzierten Plattform, sollte er den Hafen von Alexandria schützen. Da es neben einigen schriftlichen Überlieferungen auch unzählige Darstellungen auf Gemälden oder Münzen gibt, kann man heute sehr genau Angaben zu seiner Größe machen. Die Plattform besaß eine Höhe von etwa 30 Meter und einen Durchmesser von etwa 11 Meter. Auf der Plattform errichtete man einen rechteckigen Unterbau und darauf einen Rundbau von etwa 8 Meter Durchmesser und etwa 15 Meter Höhe. Den Abschluss bildete darauf das 8 Meter hohe Leuchtfeuer, auf dem dann noch eine etwa 7 Meter hohe Götterstatue aus Bronze gesetzt wurde. Mehrere Erdbeben setzten dem Leuchtturm gewaltig zu. Er wurde immer wieder aufgebaut, aber im Jahr 1323 nach Chr. endgültig aufgegeben.

Das Grab von König Maussolos II. in Halikarnassos

(Bild 8)

Halikarnassos war eine griechische Stadt im südwestlichen Kleinasien, der heutigen Türkei. Im Jahr 367 vor Chr. verlegte König Maussolos II. seine Hauptstadt nach Halikarnassos. Maussolos II. verstarb im Jahr 353 vor Chr. und für seine Grabstätte wurde ein gewaltiges Mausoleum errichtet. Über die Größe dieses Bauwerks war lange Zeit nichts bekannt. In den Jahren 1966 – 1977 wurde bei Ausgrabungen das Fundament des Mausoleums freigelegt. Die Ausmaße des Fundaments betragen 32 Meter x 38 Meter, also 1216 m^2. Aus den Säulen, die ebenfalls freigelegt wurden, ließ sich auch die Höhe des Mausoleums schätzen. Sie muss zwischen 45 Meter und 50 Meter gelegen haben. Für damalige Verhältnisse ein mehr als gewaltiger Bau.

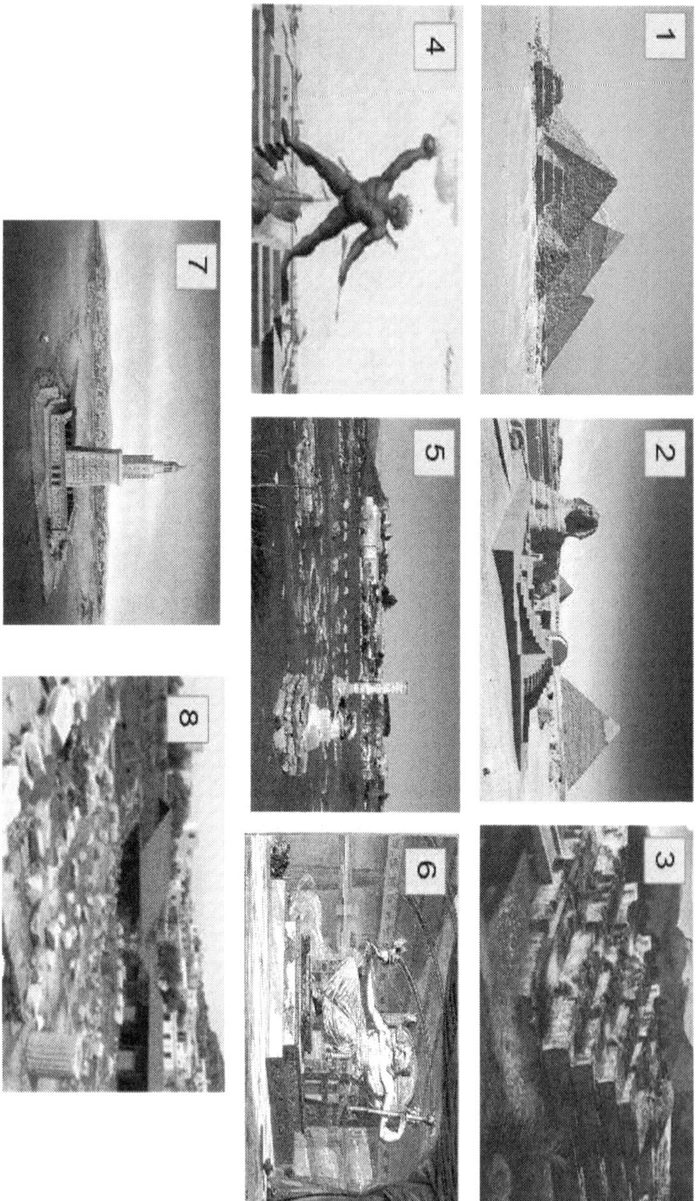

Die sieben Weltwundern der Neuen Zeit

Karte zu den sieben Weltwunder der Antike

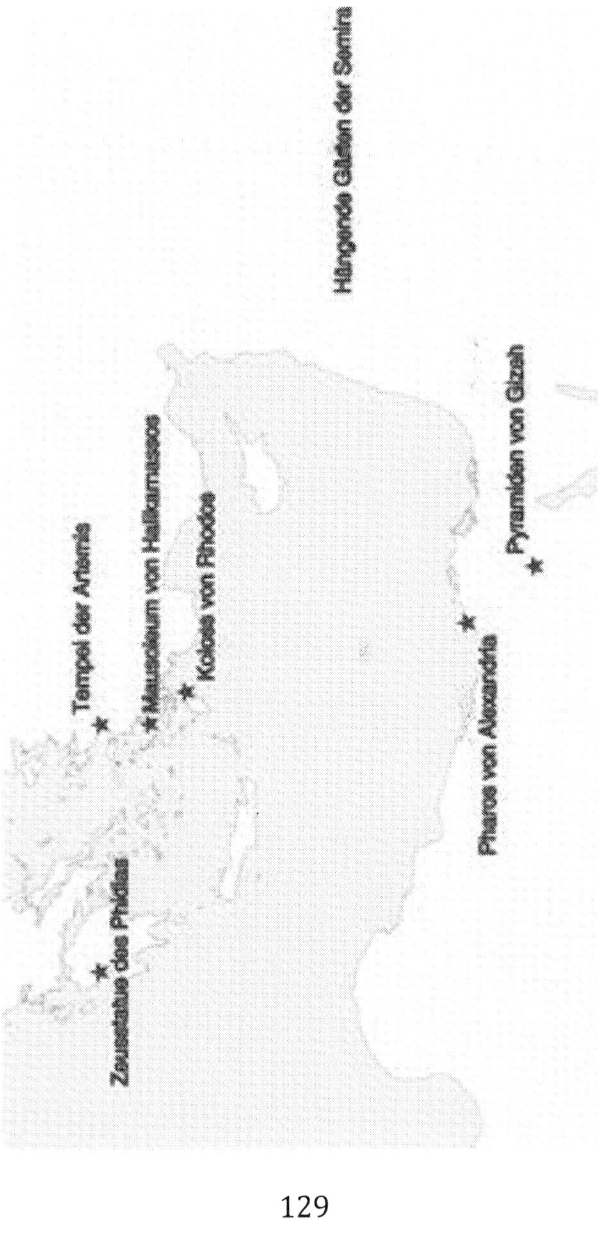

DIE SIEBEN WELTWUNDER DER NEUEN ZEIT

Die Ernennung von sieben Weltwundern der Neuen Zeit ist begründet auf einer Idee des Schweizer Millionärs, Bernard Weber. Er wollte sich nicht damit abfinden, dass Weltwunder nur im Altertum erschaffen wurden. Schließlich wurden auch in der Neuen Zeit grandiose Bauwerke errichtet. Im Internet konnten Vorschläge der User eingereicht werden. Diese Vorschläge wurden einer Jury, bestehend aus renommierten Architekten, vorgestellt, die daraus wiederum 20 Vorschläge zur Abstimmung ins Internet stellten. Die Wahl erfolgte dann im Jahr 2005. Das Ergebnis war sieben Weltwunder der Neuen Zeit.

- Die Pyramide von Chichen Itza in Mexiko (Bild 1)
- Das Mausoleum Taj Mahal in Agra (Bild 2)
- Die Chinesische Mauer (Bild 3)
- Das Kolosseum in Rom (Bild 4)
- Die Christusstatue in Rio de Janeiro (Bild 5)
- Die Steinstadt Petra in Jordanien (Bild 6)
- Die Ruinen von Machu Picchu in Peru (Bild 7)

Bilder zu den sieben Weltwundern der Neuen Zeit

DIE SIEBEN WELTWUNDER DER MODERNEN ZEIT

Schon im Jahr 1995 wurden Meisterleistungen der Architektur aus der heutigen, der modernen Zeit in einer Rangliste aufgeführt, von denen die ersten sieben als Weltwunder betrachtet werden.

- Die Deltawerke in den Niederlanden (Bild 1)
- Der CN Tower in Toronto (Bild 2)
- Das Empire State Building in New York (Bild 3)
- Der Eurotunnel zwischen Frankreich und Großbritannien (Bild 4)
- Die Golden Gate Bridge in San Francisco (Bild 5)
- Der Itaipu-Staudamm zwischen Paraguay und Brasilien (Bild 6)
- Der Panamakanal (Bild 7)

Bilder zu den sieben Weltwundern der Modernen Zeit

DIE SIEBEN WELTWUNDER DER NATUR

Auch bei der Wahl der Weltwunder der Natur war der Schweizer Millionärs Bernard Weber der Auslöser. Nach einer weiteren Wahl wurden auch sieben Weltwunder der Natur ermittelt. Im Jahr 2009 wurde das Ergebnis verkündet:

- Der Amazonas in Südamerika (Bild 1)
- Die Iguazu-Wasserfälle an der Grenze von Argentinien und Brasilien (Bild 2)
- Der Tafelberg in Südafrika (Bild 3)
- Die Vulkaninsel Jejudo in Indonesien (Bild 4)
- Die Insel Komodo in Indonesien (Bild 5)
- Der Puerto – Princesa - Nationalpark auf den Philippinen (Bild 6)
- Die Halong - Bucht in Vietnam (Bild 7)

Bilder zu den sieben Weltwundern der Natur

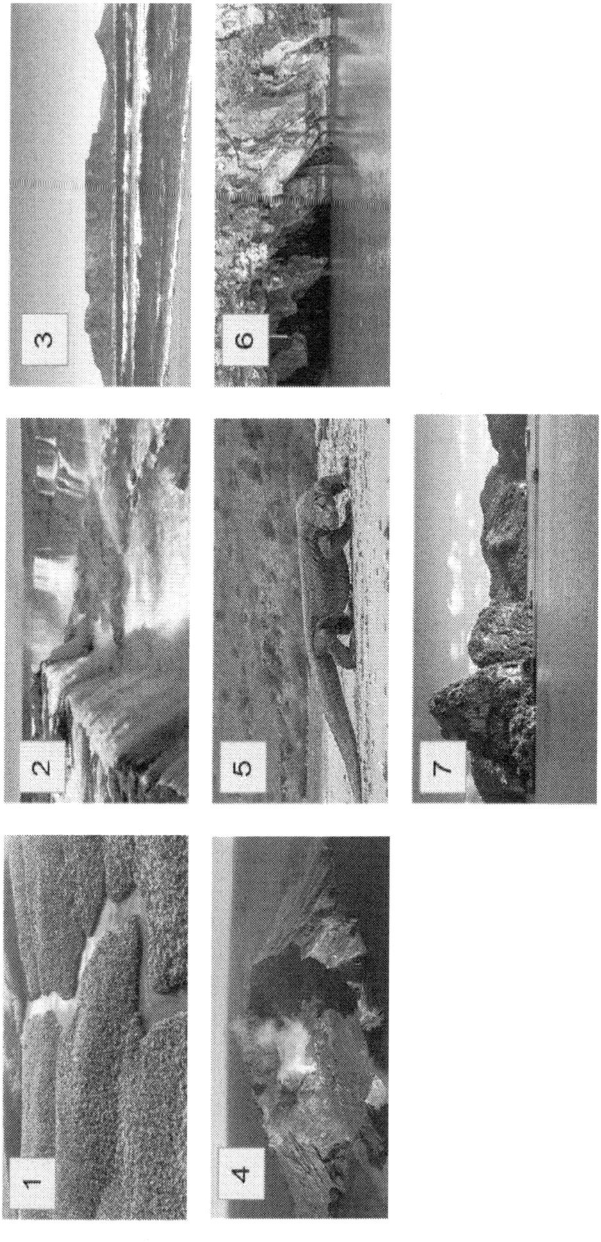

Politik

DAS POLITISCHE SYSTEM IN DEUTSCHLAND

Geschichtliche Fakten

Betrachtest du aus heutiger Sicht das politische System der Bundesrepublik Deutschland, wirst du feststellen, dass viele entscheidende Ereignisse der Vergangenheit das politische System in Deutschland entwickelt haben. Heute ist Deutschland eine parlamentarische Demokratie, in der politische und rechtsstaatliche Institutionen die Entscheidungsprozesse treffen.

Für das erste entscheidende Ereignis musst du weit zurückblicken. In den 40iger Jahren des 19. Jahrhunderts traten große wirtschaftliche Schwierigkeiten in Europa ein und steigerten die Armut der Bevölkerung in Europa. Politisch entwickelte sich in den meisten Staaten Europas eine starke revolutionäre Unzufriedenheit. Auch im damaligen Deutschen Reich wurden die Forderungen nach Grundrechten der Menschen immer lauter. Schlussendlich einigten sich die politischen Führer der Einzelstaaten Deutschlands zur Gründung eines deutschen Nationalstaates. Mit dieser Gründung wurden den Menschen umfassende Freiheitsrechte eingeräumt. Am 18.05.1848 wurde in der Paulskirche zu Frankfurt / Main das erste Parlament der Deutschen, die Nationalversammlung, einberufen. Die beiden wichtigsten Themen während der Sitzung dieser Versammlung waren:

- Die Ausarbeitung einer freiheitlichen Verfassung.
- Die Festlegung einer parlamentarischen Geschäftsordnung.

Zum ersten Präsidenten der Nationalversammlung wurde der liberale Politiker Heinrich Wilhelm August Freiherr von Gagern (* 20.08.1799 - † 22.05.1880) gewählt.

Obwohl die Nationalversammlung sehr schnell den Rückhalt in der Bevölkerung verlor und sich daher bereits ein Jahr später, am 18.06.1849, wieder auflöste. Ab diesem Datum steuerten wieder monarchische Kräfte das politische Leben in Deutschland. Trotzdem wird der Gründungstermin im Jahr 1848 von den Historikern als Geburtsstunde des heutigen Deutschlands betrachtet.

Es sollte fast 22 Jahre dauern, bis die deutschen Einzelstaaten erneut gebündelt wurden. Am 18.01.1871 wurde das deutsche Kaiserreich als Nationalstaat gegründet und der preußische König Wilhelm I. zum deutschen Kaiser gekrönt. Die dominierende Kraft in diesem Kaiserreich war aber nicht

Kaiser Wilhelm I., sondern der neue Reichskanzler Otto Fürst von Bismarck (* 01.04.1815 - † 30.07.1898). Er prägte nicht nur die Innen- und Außenpolitik des neuen Reiches, sondern führte auch eine umfassende Sozialversicherung ein.

Sozialpolitik in Deutschland

Die Grundlage dieser Sozialpolitik bildete die Maßnahmen für eine Sozialversicherung der Arbeiter aus den Jahren 1886 - 1889. Sie bildet noch heute die Basis der aktuellen deutschen Sozialpolitik.

Einführung der Sozialversicherung durch Otto Fürst von Bismarck

Jahr der Einführung	Art der Sozialversicherung
1883	Krankenversicherung
1884	Unfallversicherung
1889	Invaliditätsversicherung
1889	Altersversicherung

Mit der Machtübernahme der Nationalsozialistischen Deutschen Arbeiterpartei (NSDAP) im Jahr

1933 wurden diese sozialen Absicherungen der Bevölkerung größtenteils wieder abgeschafft oder in ihrem Inhalt reduziert.

Doch bereits mit Ende des 2. Weltkrieges am 08.05.1945 wurde von den Besatzungsmächten am Neuaufbau Deutschlands gearbeitet. Die Sozialpolitik sollte dabei ein wichtiger Bestandteil der neuen politische Ausrichtung sein. Allerdings führten die politischen Differenzen der Siegermächte dazu, dass sich die Sozialpolitik unterschiedlich entwickelte. In den westlichen Besatzungszonen lag die Grundlage der Sozialversicherung in Regierungshand, in der DDR in gewerkschaftlicher Hand unter Aufsicht der Regierung. Das bedeutet aber nicht, dass die Sozialversorgung in der DDR schlechter war als in der BRD.

Was aber ist das Besondere an einer guten ausgeprägten Sozialpolitik, und warum wird gerade in Deutschland ein hohes Augenmerk daraufgelegt? Das Ziel einer guten Sozialpolitik ist vorrangig die Absicherung der Bevölkerung bei Krankheit, Erwerbslosigkeit oder Hilfe für Schutzbedürftige, im Regelfall den sozial Schwachen. Das zeichnet eine Solidargemeinschaft, wie sie Deutschland darstellen will, aus. Aber das Ganze hat selbstverständlich auch wirtschaftliche Aspekte. Eine gute Absicherung der Bevölkerung unterstützt eine stetige Verbesserung der wirtschaftlichen Situation des Staates.

Ein weiterer, nicht unwichtiger Aspekt, über die wirtschaftliche Situation hinaus, ist der soziale Frieden in der Bevölkerung.

Die heutige Sozialpolitik in Deutschland weist heute zu den bereits durch Bismarck eingeführten Sozialversicherung noch weitere Leistungen auf, z. B. die Zahlung von Kindergeld und Wohngeld, BAföG oder Arbeitslosengeld.

Grundgesetz der Bundesrepublik Deutschland

Bereits im Jahr 1948 wurden die Ministerpräsidenten der westdeutschen Bundesländer durch die Besatzungsmächte aufgefordert, eine neue Verfassung zu erarbeiten. Als Vorgabe wurde gegeben, dass diese Verfassung…

- … nach einer demokratischen Staatsform aufgebaut ist.
- … diese demokratische Staatsform föderalistische Grundzüge aufweist.
- … alle Einwohner in dieser Staatsform mit persönlichen Grundrechten ausgestattet sind.

Am 23.05.1949 waren diese Aufgaben erfüllt, und der damalige Präsident des Parlamentarischen Rates Konrad Adenauer (* 05.01.1876 - † 19.04.1967) verkündete zwar keine Verfassung, aber das neue

Grundgesetz der Bundesrepublik Deutschland. Am Tag darauf wurde es in Kraft gesetzt.

Gleichzeitig erklärte Konrad Adenauer, dass mit gleicher Wirkung die „*Bundesrepublik Deutschland in die Geschichte der Welt eintreten*" werde. Der 23.05.1949 ist somit das Gründungsdatum der BRD. Zur Hauptstadt wurde die Stadt Bonn im Bundesland Nordrhein - Westfalen ernannt. Knapp fünf Monate später wurde auf dem Gebiet der sowjetischen Besatzungszone am 07.10.1949 die Deutsche Demokratische Republik (DDR) ausgerufen. Zur Hauptstadt wurde Ost - Berlin ernannt.

Warum aber verkündete Adenauer ein Grundgesetz und keine Verfassung? Völkerrechtlich gilt eine Verfassung nur für unabhängige Staaten. Da Deutschland aber zum Zeitpunkt der Einführung des Grundgesetzes noch kein umfassender Staatenbund war, vermied man tunlichst die eigentlich politisch korrekte Formulierung „Verfassung". Zudem hegte man im Westen auch die Hoffnung auf eine baldige Wiedervereinigung mit dem östlichen Teil Deutschlands. Darauf musste aber mehr als 40 Jahre gewartet werden. Am 03.10.1990 wurde die Einheit beider deutschen Staaten vollzogen und die Stadt Berlin zur neuen deutschen Hauptstadt erklärt. Seitdem wird der 03. Oktober jedes Jahr als Nationalfeiertag (*Tag der Deutschen Einheit*) begangen.

Aufgaben des Grundgesetzes

Das Grundgesetz der Bundesrepublik Deutschland hat folgende Aufgaben:

- Die Grundwerte für den Staat festlegen.
- Den Staat zu stabilisieren.
- Der Machtbegrenzung zu garantieren und die Freiheit zu sichern.

Verfassungsgrundsätze / Ewigkeitsklausel

Aus der Aufgabenstellung des Grundgesetzes leiten sich feste Verfassungsgrundsätze ab, die im Grundgesetz in den Artikeln 1, 20 und 20a hinterlegt sind. Sie bilden die Grundlage für….

- …. die Gewaltenteilung in der Bundesrepublik. Keine Institution des Staates darf mehr als eine Gewaltenfunktion ausüben.
- …. die Unabhängigkeit der staatlichen Gerichte.
- …. das allgemeine Wahlrecht der Bevölkerung
- …. das Verhindern einer Herrschaft, die durch Gewalt bzw. Willkür geprägt ist.

Aus der politischen Erfahrung der Vergangenheit sind diese Verfassungsgrundsätze zusätzlich im Grundgesetz geschützt. Der Artikel 79 Absatz 3 garantiert, dass die Artikel 1,20 und 20a gegen

Änderungen geschützt sind. Der Artikel 79 wird auch als *Ewigkeitsklausel* bezeichnet.

Gliederung des Grundgesetzes

Das Grundgesetz der Bundesrepublik Deutschland ist in 4 Teile gegliedert:

- Teil 1: Präambel (Vorwort)
- Teil 2: Katalog der Grundrechte
- Teil 3: Organisationsformen des Staates, aufgeteilt nach
    - Grundsätzen der Verfassung (grundsätzlich)
    - Vorhandene Staatsorgane (institutionell)
    - Gesetzgebungsverfahren (funktionell)
- Teil 4: Diverse weitere Regeln

Gliederung (Artikel) des Grundgesetzes in Tabellenform

Artikel	Bezug auf...
1 - 19	Die Grundrechte
20 - 37	Der Bund und die Länder
38 - 49	Der Bundestag
50 - 53	Der Bundesrat
53 a	Gemeinsamer Ausschuss
54 - 61	Der Bundespräsident
62 - 69	Die Bundesregierung
70 - 82	Die Gesetzgebung des Bundes
83 - 91	Die Ausführung der Bundesgesetze und die Bundesverwaltung
91 a - 91 e	Gemeinschaftsaufgaben, Verwaltungsarbeit
92 - 104	Die Rechtsprechung
104 a - 115	Das Finanzwesen
115 a -115 l	Der Verteidigungsfall
116 - 146	Übergangs- und Schlussbestimmungen

Graphischer Aufbau des Grundgesetzes

<table>
<tr><td>Grundrechte
Artikel 1 – 19</td><td>Bund und Länder
Artikel 20 – 37</td><td>Bundesorgane
Artikel 38 – 69 +
Artikel 92ff</td><td>Gesetzgebung
Artikel 70 – 91</td><td rowspan="3">Weitere Bestimmungen
Artikel 91a – 146</td></tr>
<tr><td colspan="4">Verfassungsgrundsätze Artikel 1, 20 und 20a</td></tr>
<tr><td colspan="4">Artikel 79 III (Ewigkeitsklausel)</td></tr>
</table>

Persönliche Grundrechte (Auszüge)
lt. Grundgesetz in Tabellenform

Art. 1 / Abs. 1	Die Würde des Menschen ist unantastbar. Sie zu achten und zu schützen ist Verpflichtung aller staatlicher Gewalt
Art. 1 / Abs. 2	Das deutsche Volk bekennt sich darum zu unverletzlichen und unveräußerlichen Menschenrechten als Grundlage jeder menschlichen Gemeinschaft, des Friedens und der Gerechtigkeit.
Art. 2 / Abs. 1	Jeder hat das Recht auf die freie Entfaltung seiner Persönlichkeit… … … ff
Art. 3 / Abs. 1	Alle Menschen sind vor dem Gesetz gleich.
Art. 3 / Abs. 2	Männer und Frauen sind gleichberechtigt… … … ff
Art. 3 / Abs. 3	Niemand darf wegen seines Geschlechts, seiner Abstammung, seiner Rasse, seiner Sprache, seiner Herkunft, seiner religiösen oder politischen

	Anschauung benachteiligt oder bevorzugt werden… … … ff
Art. 4 / Abs. 1	Die Freiheit des Glaubens, des Gewissens, der religiösen und weltanschaulichen Bekenntnisse sind unverletzlich.
Art. 5 / Abs. 1	Jeder hat das Recht, seine Meinung in Wort, Schrift und Bild frei zu äußern und zu verbreiten… … … ff

Vermutlich wirst du dir jetzt die Frage stellen, ob das Grundgesetz nach der Verabschiedung vor mehr als siebzig Jahren überhaupt noch aktuell ist. Die Antwort lautet: **JA**. Sollte die begründete Notwendigkeit bestehen, kann das Grundgesetz verändert, besser formuliert, angepasst werden. Das ist in den Jahren seit 1949 auch mehr als 60 Mal geschehen. Allerdings sind die Hürden für eine Änderung des Grundgesetzes sehr hoch angesetzt. Benötigt werden für eine Änderung ….

- …. die Stimmen von 2 Dritteln der Abgeordneten des Deutschen Bundestags.
- …. die Stimmen von 2 Dritteln der Mitglieder des Bundesrates.

Änderungen des Grundgesetzes

Bedeutende Änderungen seit dem Jahr 1949 des Grundgesetzes waren u. a.:

Jahr	**Titel**
1953	Einführung der 5 % Klausel in das deutsche Wahlrecht
1956	Wiederbewaffnung der neu gegründeten Bundeswehr
1968	Notstandsgesetze für den Krisenfall
1969	Neuordnung der Steuereinnahmen / Finanzausgleich zwischen Bund und Ländern
1972	Änderung des Bundeswahlgesetzes. Neue Wahlberechtigung mit 18 Jahren
1992	Integration der Bundesrepublik in die Europäische Union
2006	Föderalismusreform

Deutschland und das Rechtsstaatprinzip

Bevor wir hier ins Detail gehen, sollte zunächst einmal der Begriff „Rechtsstaat" geklärt werden. Leider wird dieser Begriff heute in der Politik unterschiedlich interpretiert. Besonders deutlich wird dies, dass mittlerweile auch diktatorisch geführt Staaten diesen Begriff ohne Skrupel verwenden. Dabei ist der Begriff einfach zu erklären:

Als Rechtsstaat können die Länder bezeichnet werden, in denen nicht nur eine Verfassung und deren Gesetze respektiert und eingehalten werden, sondern auch die Bürgerrechte vom Staat geschützt werden!

Das Rechtsstaatsprinzip ist in den Artikeln 20, Absatz 1 - 4 und dem Artikel 28, Absatz 1 definiert.

Gewaltenteilung in Deutschland

Die Gewaltenteilung ist Bestandteil der Demokratie in Deutschland und wie bereits dargestellt, Bestandteil des Grundgesetzes. Die staatliche Macht unterteilt sich in drei Funktionen…

- … die legislative (gesetzgebende)

  Macht / Ausübung auf Bundesebene durch den Deutschen Bundestag und dem Bundesrat.

  Macht / Ausübung auf Länderebene durch das jeweilige Länderparlament.
- … die exekutive (vollziehende)

  Macht / Ausübung durch die Bundesregierung und den Behörden bzw. Verwaltungen der Länder, sowie den Vollzugsbehörden, z. B. Polizei oder Finanzamt.
- … die judikative (rechtliche)

  Macht / Ausübung durch die Gerichte des Bundes und der Länder

Worum geht es aber bei der Gewaltenteilung? Der Grundgedanke ist, dass sich durch die Aufteilung die staatlichen Mächte sich gegenseitig kontrollieren können: Damit kann die Ausübung der Macht und der Missbrauch eines Einzelnen unterbunden werden. Aufgrund der negativen Erfahrungen aus dem Zeitraum von 1933 - 1945 (Diktatur durch Adolf Hitler) eine sinnvolle Regelung.

Das Parteienspektrum in Deutschland

Jedes demokratische System ist ohne politische Parteien funktionslos. Parteien übernehmen im gesamten politischen Prozess wichtige Funktionen, z. B.:

- Sie nehmen direkt Einfluss auf politische Entscheidungen, die durch die Parlamente oder den Regierungen.
- Sie verhelfen den Bürgern*innen die Möglichkeit am politischen Leben teilzunehmen.
- Sie repräsentieren die öffentliche Meinung.
- Sie vertreten die Interessen der Bürger*innen in den Parlamenten bzw. Regierungen.

Spricht man vom Parteienspektrum in Deutschland, werden vorrangig die aktuell im Deutschen Bundestag vertretenden Parteien erwähnt. Neben diesen „größeren“ Parteien gibt es aber noch viele „kleinere“ Parteien, regional auch Wählervereinigungen, die in den Landesparlamenten, auf kommunaler Ebene oder im Europaparlament vertreten sind.

Im aktuellen 19. Deutschen Bundestag vertretene Parteien inkl. Sitzanteil

Partei	**Kürzel**	**Sitze**
*** Christlich Demokratische Union Deutschlands	CDU	200
Sozialdemokratische Partei Deutschlands	SPD	152
Alternative für Deutschland	AfD	89
Freie Demokratische Partei	FDP	80
Die Linke		69
Bündnis 90 / Die Grünen		67
*** Christlich Soziale Union in Bayern	CSU	46
Fraktionslos		6
Gesamt		**709**

*** Bilden im Deutschen Bundestag eine gemeinsame Fraktion

Weitere Parteien, die aktuell in den 16 Landesparlamenten Deutschlands, neben den Parteien des Deutschen Bundestages, vertreten sind:

Partei	**Kürzel**	**Landesparlament**
FREIE WÄHLER		Bayern
Brandenburger Vereinigte Bürgerbewegung/Freie Wähler		Brandenburg
Südschleswiger Wählerverband	SSW	Schleswig-Holstein
Bürger in Wut	BIW	Bremen

Stand: November 2020

Nach der letzten Europawahl im Jahr 2019 erhielt Deutschland insgesamt 96 Sitze zugesprochen, die sich auf nachfolgend aufgeführte Parteien aufteilen:

Partei	**Sitze**
CDU	23
Grüne	21
SPD	16
AfD	11
CSU	6
Die Linke	5
FDP	5
Die Partei	2
Freie Wähler	2
Familie	1
Tierschutzpartei	1
Piraten	1
ÖDP	1
Volt	1
Summe	**96**

Stand: November 2020

Politische Führungsämter in Deutschland (in ihrer protokollarischen Reihenfolge)

1. Bundespräsident
2. Bundestagspräsident
3. Bundeskanzler
4. Bundesratspräsident
5. Präsident des Bundesverfassungsgerichts

Bundespräsident

Der deutsche Bundespräsident besitz im Gegensatz zu den meisten Präsidenten anderer Nationen wenig politischen Einfluss. Er übernimmt die Aufgaben eines Staatsoberhauptes und repräsentiert den deutschen Staat. Er unternimmt Besuche in andere Länder (Staatsbesuche), unterschreibt ggf. abgeschlossen Verträge mit ausländischen Staaten, akkreditiert ausländische Botschafter*innen und ernennt bzw. entlässt Bunderichter, Beamte und Offiziere der Bundeswehr. Ihr / ihm steht das Recht zu Begnadigungen, z. B. bei verurteilten Kriminellen, auszusprechen. Schlussendlich wird ein neu erarbeitetes Gesetz erst mit seiner Unterschrift rechtskräftig. In diesem Punkt besitzt der / die Bundespräsident*in einen direkten Einfluss auf die aktuelle Politik.

Der Bundespräsident wird nicht direkt vom Volk gewählt (auch das unterscheidet seine Stellung im Vergleich zu Präsidenten anderer Staaten). Die

Wahl des Bundespräsidenten erfolgt über die sogenannte Bundesversammlung. Sie wird ausschließlich für diese Wahl zusammengerufen und setzt sich zu gleichen Teilen aus den Abgeordneten des aktuellen Bundestags und Vertretern aus den Bundesländern zusammen. Letztere müssen keine Abgeordnete der Landesparlamente sein. Es können auch Politiker aus Gemeinden oder Landkreisen bzw. verdiente Persönlichkeiten aus Kunst, Kultur, Sport und Wirtschaft sein. Nominiert werden diese Personen durch die jeweiligen Landesparlamente.

Die Parteien des aktuellen Bundestags können einen Kandidaten für dieses Amt aufstellen. Dabei muss es sich nicht unbedingt um ein Mitglied des Parlaments handeln. Es kann sich auch um eine Person ohne politischen Hintergrund handeln.

Der Wahlvorgang sieht maximal 3 Wahlgänge vor. In den ersten beiden Wahlgängen muss einer der Kandidaten / Kanditatinnen die absolute Mehrheit (also 50 % plus 1 Stimme) der Stimmen erhalten. Sollte ein dritter Wahlvorgang nötig sein, reicht die einfache Mehrheit der Stimmen.

Die Wahl des Bundespräsidenten findet alle 5 Jahre statt.

Aufstellung aller bisherigen Bundespräsiden-ten*in der BRD seit 1949

Name	Zuge-hörige Partei	Amtszeit	Wahl-gänge
Theodor Heuss	FDP	1949 - 1959	2
Heinrich Lübke	CDU	1959 - 1969	2
Gustav Heinemann	SPD	1969 - 1974	3
Walter Scheel	FDP	1974 - 1979	1
Karl Carstens	CDU	1979 - 1984	1
Richard von Weizsäcker	CDU	1984 - 1994	1
Roman Herzog	CDU	1994 - 1999	3
Johannes Rau	SPD	1999 - 2004	2
Horst Köhler	CDU	2004 - 2010	1
Christian Wulff	CDU	2010 - 2012	3
Joachim Gauck	partei-los	2012 - 2017	1
Frank W. Steinmeier	SPD	2017 - bis heute	1

Erster Amtssitz des Bundespräsidenten ist seit 1994 das Schloss Bellevue in Berlin - Tiergarten. Bis dahin war der Dienstsitz des / der Bundeskanzlers*in die Villa Hammerschmidt in Bonn. Die Villa Hammerschmidt dient heute als zweiter Amtssitz des Bundespräsidenten.

Bundestagspräsident

Obwohl in den Medien mehr Augenmerk auf die Funktionen Bundespräsident und Bundeskanzler gelegt wird, bekleidet der Bundestagspräsident, formell betrachtet, das zweithöchste politische Amt in Deutschland. Zu seinen wichtigsten Aufgaben zählen:

- die Leitung der Bundestagssitzungen.
- die Vertretung des Bundestages nach außen.
- der Empfang aller Vorlagen von Gesetzen bzw. deren Entwürfe.
- der Empfang aller Eingaben aus der Reihe der Bundestagsabgeordneten.
- der Empfang und die Prüfung der Rechenschaftsberichte der politischen Parteien.
- die Überwachung der Einhaltung des Parteispendengesetz.
- die Regelung der Wahlkampfkostenerstattung an die politischen Parteien.
- die Ausübung des Hausrechts und der Polizeigewalt im Bundestagsgebäude (Berliner Reichstag).

Die Wahl zum Bundestagspräsidenten erfolgt zu Anfang einer neuen Legislaturperiode aus der Mitte der gewählten Abgeordneten. Es ist die erste Handlung des neuen Bundestags. Die Leitung dieser Wahl übernimmt der *Alterspräsident*, der nach Lebensjahren älteste Abgeordnete aus den Reihen der Abgeordneten. Bisher war es üblich, dass die stärkste Fraktion des Bundestags auch einen Kandidatenvorschlag zur Wahl des / der Bundestagspräsidenten*in vornimmt. Es gibt aber keine gesetzliche Vorgabe. Die Wahl erfolgt, bis auf einer Ausnahme, in drei Wahlgängen. In den ersten beiden Wahlgängen muss die absolute Mehrheit (50 % der Stimmen + 1 Stimme) der abgegeben Stimmen erreicht werden, im dritten Wahlgang reicht die einfache Mehrheit. Die Besonderheit in der Wahl ist, dass ab dem 2. Wahlgang ein oder mehrere neue Kandidaten benannt werden können. Sollte ab dem 3. Wahlgang keine Mehrheit für einen Kandidaten vorliegen, z. B. bei einer gleichen Stimmenanzahl, wird solange weiter gewählt, bis eine Mehrheit zustande kommt.

Zu Vertretern des Bundestagspräsidenten wird aus Gepflogenheit jeweils ein Abgeordneter aus den Reihen der im Bundestag vertretenden Parteien gewählt. Hierfür sind maximal 3. Wahlgänge vorgesehen, in denen die absolute Mehrheit erreicht werden muss. Nach erfolgloser Wahl kann die jeweilige Partei einen neuen Kandidaten benennen.

Aufstellung aller bisherigen Bundestagspräsidenten der BRD seit 1949

Name	Zugehörige Partei	Amtszeit
Erich Köhler	CDU	1949 - 1950
Hermann Ehlers	CDU	1950 - 1954
Eugen Gerstenmaier	CDU	1954 - 1969
Kai-Uwe von Hassel	CDU	1969 -1972
Annemarie Renger	SPD	1972 -1976
Karl Carstens	CDU	1976 -1979
Richard Stücklen	CSU	1979 -1983
Rainer Barzel	CDU	1983 -1984
Philipp Jenninger	CDU	1984 - 1988
Rita Süssmuth	CDU	1988 - 1998
Wolfgang Thierse	SPD	1998 - 2005
Norbert Lammert	CDU	2005 - 2017
Wolfgang Schäuble	CDU	2017 bis heute

Zu Vertretern des Bundestagspräsidenten wird in alter Gepflogenheit jeweils ein Parlamentarier aus den Reihen der einzelnen Parteien des Bundestags gewählt. Gemeinsam mit dem Präsidenten bilden sie das Bundestagpräsidium, das sich wöchentlich trifft, um organisatorische Themen zu beraten, z. B.: Personal- und Verwaltungsfragen. Übernimmt ein Stellvertreter die Leitung einer Bundestagssitzung, stehen ihm die gleichen Rechte eines Bundestagspräsidenten zu.

Bundeskanzler

Im Regelfall wird der Spitzenkandidat der Partei für die Wahl zum / zur Bundeskanzler*in nominiert, die bei der erfolgten Bundestagswahl die Mehrheit der Stimmen / Sitze des Bundestags erhalten hat. Der Spitzenkandidat stellt sich auf Vorschlag des Bundespräsidenten, gem. Artikel 63 des GG zur Wahl im neu konstituierten Bundestag. Die Oppositionsparteien haben das Recht, einen Gegenkandidaten zur Wahl vorzuschlagen. Für die Wahl zum Bundeskanzler wird eine absolute Mehrheit der abgegebenen Stimmen benötigt. Das bedeutet, mindestens die Hälfte aller Stimmen zzgl. 1 Stimme müssen auf einen Kandidaten entfallen.

Beispiel: Bei der Wahl entfallen für den Kandidaten **A** insgesamt 400 Stimmen, auf den Kandidaten **B** 300 Stimmen, bei einem gesamten Anteil von 700 Stimmen. Die absolute Mehrheit würde also 351 Stimmen bedeuten, die der Kandidat A mit seinen 400 Stimmen nicht nur erreicht, sondern auch überschritten hat.

Sollte ein Kandidat bei der Wahl keine absolute Mehrheit erhalten, erfolgt eine 2. Wahl im Abstand von 14 Tagen. Die Abgeordneten haben dann die Möglichkeit einen neuen Kandidaten zu wählen. Sollte auch mit dieser Wahl kein Kandidat die absolute Mehrheit der Stimmen erhalten, erfolgt umgehend ein 3. Wahldurchgang, in dem die einfache Mehrheit der Stimmen reicht, um gewählt zu werden. Die Wahl des / der Bundeskanzlers*in erfolgt im Regelfall alle 4 Jahre.

Der / die Bundeskanzler*in muss nicht nur ausschließlich mit Stimmen seiner eigenen Partei gewählt werde. Die heutige Parteienlandschaft würde dies kaum noch zulassen. Der / die Kanzler*in wurden in den letzten Legislaturperioden alle durch Koalitionen (Zusammenschlüsse) von mindestens zwei Parteien gewählt. Der / die Bundeskanzler*in kann innerhalb einer Legislaturperiode (Entspricht der Dauer, für die ein Parlament gewählt ist) neu besetzt werden, allerdings nur bei drei Varianten:

1. Der gewählte Bundeskanzler verstirbt innerhalb der Legislaturperiode
2. Der gewählte Bundeskanzler tritt aus eigenen Gründen zurück
3. Nach einem geglückten Misstrauensvotum der Abgeordneten. Benötigt wird die einfache Mehrheit der Stimmen.

Aufstellung aller bisherigen Bundeskanzler der BRD seit 1949

Name	Zugehörige Partei	Amtszeit
Konrad Adenauer	CDU	1949 - 1963
Ludwig Erhard	CDU	1963 - 1966
Kurt Georg Kiesinger	CDU	1966 - 1969
Willy Brand	SPD	1969 - 1974
Helmut Schmidt	SPD	1974 - 1982
Helmut Kohl	CDU	1982 - 1998
Gerhard Schröder	SPD	1998 - 2005
Angela Merkel	CDU	2005 – bis heute

Der erste Amtssitz des Bundeskanzlers ist seit 2001 das Bundeskanzleramt in Berlin - Mitte. Bis dahin war der Dienstsitz des Bundeskanzlers das Bundeskanzleramt in Bonn. Heute dient es als zweiter Amtssitz.

Deutsche Bundesregierung (Bundeskabinett)

Die Kernaufgabe der Deutschen Bundesregierung liegt in der politischen Führung des Landes, mit der sie den Willen der politischen Mehrheit in politische Entscheidungen umsetzt. Sie gestaltet die inneren Verhältnisse des Staates, ist für die Umsetzung der Gesetze verantwortlich und sorgt für gute Beziehungen zu anderen Staaten.

Die Bundesregierung setzt sich aus dem / der Bundeskanzler*in und den Ministern einzelner Bereiche zusammen.

Bundesminister

Die Bundesminister (Fachminister) werden von dem gewählten Bundeskanzler vorgeschlagen und vom Bundespräsidenten vereidigt.

Die Amtsdauer des Bundeskanzlers dauert bis zum Ende der aktuellen Legislaturperiode und mit dem Zusammentreten eines neuen Bundestags. Analog gilt dies für die Bundesminister. Die einzige Ausnahme besteht, wenn der Bundeskanzler einen Minister aus triftigen Gründen während der laufenden Legislaturperiode entlässt.

Bundesratspräsident

Der Bundesratspräsident ist der Vorsitzende der Vertretung der einzelnen Bundesländer. Zwar ist durch das Grundgesetz die Gesetzgebung in Deutschland überwiegend dem Bund zugeordnet, den Ländern werden aber durch den Artikel 70, Absatz 1, ebenfalls einige Zuständigkeiten zugeordnet. Dazu gehören z.B. die Bereiche, Bildung, Kultur, Ordnungs- und Polizeiwesen.

Allerdings ist im Grundgesetz, Artikel 50, aber die Mitarbeit des Bundesrates in der Gesetzgebung geregelt. Mit jeder Vorlage für ein neues Gesetz muss sich der Bundesrat befassen. Es werden dabei zwei unterschiedliche Varianten von Gesetzesvorlagen behandelt:

Die Zustimmungsgesetze

- Diese Arten der Gesetzesvorlagen bedürfen ausdrücklich der Zustimmung des Bundesrates. Diese Vorlagen betreffen neue Gesetze bzw. Änderung an bestehenden Gesetzen, die …
    - … Änderungen an der Deutschen Verfassung vornehmen sollen.
    - … Auswirkungen auf die Finanzen der Bundesländer haben.
    - … ausschließlich von Behörden der Bundesländer auszuführen sind.

Die einfachen Gesetze

- Diese Arten der Gesetzesvorlagen müssen aufgrund der bereits bestehenden Regelungen im Grundgesetz nicht durch den Bundesrat genehmigt werden. Der Bundesrat kann aber einen Einspruch geltend machen und diese Vorlage wieder an den Bundestag zurückgeben. Im Bundestag kann aber durch eine Abstimmung mit einfacher Mehrheit dieser Einspruch zurückgewiesen werden, womit diese Vorlage als Gesetz verabschiedet werden kann.

Der Bundestagspräsident ist formell der Stellvertreter des Bundespräsidenten. Er wird im Wechsel eines Jahres rotierend von dem Regierungschef eines Bundeslandes besetzt. Eine separate Wahl erfolgt somit nicht.

Bundesverfassungsgericht / Präsident

Das Bundesverfassungsgericht vertritt die legislative Macht in Deutschland. Es ist einerseits ein Gericht, andererseits das oberste Verfassungsorgan Deutschlands. Das Gericht ist unabhängig und untersteht keinem Ministerium. Es besteht aus zwei Kammern (Senate). Jede Kammer ist mit acht Richtern besetzt. Vorsitzende der Kammern sind der Präsident bzw. der Vizepräsident, die auch das Gericht nach außen vertreten.

Das Bundesverfassungsgericht überwacht, wie die Bezeichnung bereits ausdrückt, die Einhaltung der deutschen Verfassung. Das betrifft insbesondere die Einhaltung der Grundrechte, die in der Verfassung hinterlegt sind. In einem Streitfall ist das Urteil des Bundesverfassungsgerichts für alle, auch staatlichen Stellen, bindend und unanfechtbar. Von besonderem Interesse werden Urteile vom Bundesverfassungsgericht wahrgenommen, wenn z. B. ein neue Gesetzänderung von den Richtern als widrig gegenüber der Verfassung beurteilt wird. Durch das Bundesverfassungsgericht wird die staatliche Gewaltenteilung bestens wiedergegeben.

Die Richter werden jeweils zur Hälfte vom Bundestag und Bundesrat bestimmt. Für die Wahl ist in beiden Organen eine Zweidrittelmehrheit erforderlich. Die Amtszeit der Richter beträgt zwölf Jahre bzw. endet mit dem Erreichen des 68. Lebensjahres. Eine Wiederwahl ist nicht möglich. Ihre Ernennungsurkunde erhalten die Richter aus der Hand des Bundespräsidenten.

Der Bundesratspräsident bzw. der Vizepräsident verkünden die Entscheidungen bzw. Urteile des Gerichts. Bei Verstößen dagegen können die Verantwortlichen zur Rechenschaft gezogen werden.

Föderalismus in Deutschland

Die Bundesrepublik Deutschland ist eine parlamentarische Demokratie und besteht aus insgesamt 16 Bundesländern. Sie verfügen über eine begrenzte Souveränität innerhalb der Bundesrepublik. Diese

Zusammenarbeit zwischen Bund und Länder bezeichnet man als Föderalismus (lateinisch: foedus, foedera = Bund, Vertrag).

Liste der 16 deutschen Bundesländer nach Alphabet sortiert

Bundesland	Fläche km²	Einwohner	Hauptstadt
Baden - Württemberg	35.748	11.100.394	Stuttgart
Bayern	70.452	13.124.737	München
Berlin ***	891	3.669.491	Berlin
Brandenburg	29.654	2.521.893	Potsdam
Bremen ***	419	681.202	Bremen
Hamburg ***	755	1.847.253	Hamburg
Hessen	21.116	6.288.080	Wiesbaden
Mecklenburg-Vorpommern	23.295	1.608.138	Schwerin
Niedersachsen	47.710	7.993.608	Hannover

Nordrhein - Westfalen	34.112	17.947.221	Düssel-dorf
Rheinland - Pfalz	19.858	4.093.903	Mainz
Saarland	2.571	986.887	Saarbrü-cken
Sachsen	18.450	4.071.971	Dresden
Sachsen - An-halt	20.454	2.194.782	Magde-burg
Schleswig - Holstein	15.804	2.903.773	Kiel
Thüringen	16.202	2.133.378	Erfurt
Deutschland gesamt	357.582	83.166.711	Berlin

Quelle: Statistisches Bundesamt / Stand: 01.2020 *** = Stadtstaaten

Landkarte Bundesrepublik Deutschland

Europa

Europa ist der sechstgrößte der sieben Kontinente der Erde.

Auf dem Kontinent Europa befinden sich insgesamt 48 Staaten, von denen allerdings 3 Länder nur anteilsmäßig mit geringen Flächen zum Kontinent Europa gehören.

Aufstellung der Staaten, die nicht komplett flächenmäßig zu Europa gehören

Land / Staat	Fläche km²	Einwohner (Mio.)	Hauptstadt
Russland	**3.955.800**	**104,1**	**Moskau**
23 % der Landfläche in Europa			
77 % der Landfläche in Asien			
Kasachstan	**2.724.900**	**18,9**	**Astana**
5 % der Landfläche in Europa			
95 % der Landfläche in Asien			
Türkei	**783.400**	**86,2**	**Ankara**
3 % der Landfläche in Europa			
97 % der Landfläche in Asien			

Des Weiteren haben sich mittlerweile 28 Staaten im Laufe der Jahre zu einer wirtschaftlichen und politischen Gemeinschaft zusammengeschlossen, der Europäischen Union (EU). Die Landfläche der Europäischen Union beträgt etwa 4.325 Mio. km², bei einer Einwohnerzahl von etwa 447,5 Mio.

Am 25.03.1957 schlossen sich sechs Länder zur Europäischen Wirtschaftsgemeinschaft (EWG), dem Vorgänger der heutigen Europäischen Union (EU), zusammen. Im Februar 1992 vereinbarten mittlerweile zwölf Mitgliedsländer auch eine politische Zusammenarbeit und am 01.11.1993 wurde die heutige Europäische Union gegründet.

Aufstellung der Staaten der Europäischen Union / Vorgänger EWG

Staat	**Fläche km²**	**Einwohner (Mio.)**	**Hauptstadt**	**Beitritt**
Belgien	32.545	11,46	Brüssel	01.01.1958
Deutschland	357.582	83,17	Berlin	01.01.1958
Frankreich	543.965	64,98	Paris	01.01.1958
Italien	301.336	59,36	Rom	01.01.1958

Luxemburg	2.586	0,5835	Luxemburg	01.01. 1958
Niederlande	41.526	17,04	Amsterdam	01.01. 1958
Dänemark	42.930	5,73	Kopenhagen	01.01. 1973
Großbritannien **	242.910	66,18	London	01.01. 1973
Irland	70.273	4,76	Dublin	01.01. 1973
Griechenland	131.957	11,15	Athen	01.01. 1981
Portugal	92.345	10,32	Lissabon	01.01. 1986
Spanien	504.645	46,35	Madrid	01.01. 1986
Finnland	338.144	5,52	Helsinki	01.01. 1995
Österreich	83.879	8,82	Wien	01.01. 1995
Schweden	449.964	9,91	Stockholm	01.01. 1995
Malta	316	0,4308	Valletta	01.05. 2004
Estland	45.227	1,31	Tallin	01.05. 2004

Lettland	64.589	1,95	Riga	01.05. 2004
Polen	312.685	38,17	Warschau	01.05. 2004
Litauen	65.301	2,89	Vilnius	01.05. 2004
Ungarn	93.030	9,72	Budapest	01.05. 2004
Republik Zypern	9.251	1,12	Nikosia	01.05. 2004
Slowakei	49.034	5,45	Bratislava	01.05. 2004
Slowenien	20.253	2,08	Ljubljana	01.05. 2004
Tschechische Republik	78.866	10,62	Prag	01.05. 2004
Bulgarien	110.994	7,08	Sofia	01.01. 2007
Rumänien	238.391	19,68	Bukarest	01.01. 2007
Kroatien	56.542	4,19	Zagreb	01.07. 2013

Quelle: Statistisches Bundesamt / Stand: 01.2020

** Großbritannien verlässt die EU nach einer Übergangsphase zum 31.12.2020

Weiter sieben europäische Staaten haben die Aufnahme in die EU beantragt. Eine Aufnahme wird im Artikel 49 im EU-Vertrag geregelt und kann durchaus einige Jahre dauern, da die Beitrittsländer europäische Normen, z. B. Rechtsstaatlichkeit, erfüllen müssen. Daher sind die Verhandlungen des Beitritts der Türkei zurzeit ins Stocken geraten.

Aufstellung der beitrittswilligen Staaten zur Europäischen Union

Staat	Fläche km²	Einwohner (Mio.)	Hauptstadt
Albanien	28.748	2,93	Tirana
Montenegro	13.812	0,629	Podgorica
Nordmazedonien	5.713	2,08	Skopje
Serbien	88.361	7,06	Belgrad
Bosnien - Herzegowina	51.129	3,51	Sarajevo
Kosovo	10.887	1,91	Pristina

** Die Beitrittsverhandlungen mit der Türkei sind zurzeit eingestellt!

Aufstellung sonstiger Staaten in Europa

Staat	Fläche km²	Einwohner (Mio.)	Hauptstadt
Andorra	468	0,077	Andorra la Vella
Belarus	207.600	10,30	Minsk
Island	103.000	0,335	Reykjavik
Liechten-stein	160	0,038	Vaduz
Molda-wien	33.800	4,05	Chişinău
Monaco	2	0,039	*Stadtstaat*
Norwe-gen	323.759	5,31	Oslo
San Ma-rino	61	0,334	San Marino
Schweiz	41.285	8,48	Bern
Ukraine	603.700	44,22	Kiew
Vatikan-stadt	0,44	0,000792	*Stadtstaat*

DIE POLITISCHEN SYSTEME IN EUROPA

Vereinfacht ausgedrückt versteht man unter dem Begriff „politisches System" die Art und Form, mit der die Regierung eines Staates ihre Führungsaufgabe erfüllt. In der Betrachtung wichtig ist auch die Aufteilung der exekutiven, legislativen und judikativen Staatsgewalt:

- Exekutive = Ausführende Staatsgewalt
- Legislative = Gesetzgebende Staatsgewalt
- Judikative = Rechtssprechende Staatsgewalt

Durch die Politikwissenschaftler werden alle politischen Systeme heute in Gruppen eingeteilt:

- Republikanische Regierungsform
    - Präsidentielle Regierungsform
        - Erklärung: Ein vom Volk direkt gewählter Präsident bekleidet gleichzeitig die Funktion des Staatsoberhauptes, des Regierungschefs und ist gleichzeitig Befehlshaber der Streitkräfte. Er übt somit die exekutive und die legislative Macht aus. Die Ausübung der

judikativen Macht übernehmen unabhängige Gerichte.

- Semipräsidentielle Regierungsform
  - Erklärung: Ein vom Volk direkt gewählter Präsident bekleidet die exekutive Macht als Staatsoberhaupt. Ein vom Parlament gewählter Premierminister oder Kanzler bekleidet die legislative Macht, und beide agieren zusammen als Regierungsspitze. Die judikativen Macht wird durch unabhängige Gerichte ausgeübt.
- Parlamentarische Regierungsform
  - Erklärung: Im ersten Schritt erfolgt durch die Wahl eines Parlaments durch das Volk. Im zweiten Schritt wählen die Abgeordneten einen Regierungschef in der Funktion eines Premierministers oder Kanzlers. Sowohl die legislative als auch die exekutive Macht wird vom Regierungschef ausgeübt, wird aber vom Parlament kontrolliert. Die judikativen Macht wird

durch unabhängige Gerichte ausgeübt.

- Parlamentsgebundene Regierungsform
    - <u>Erklärung:</u> Im Gegensatz zur Parlamentarischen Regierungsform liegt der Unterschied darin, dass sowohl die legislative und judikative Macht durch das Parlament erfolgt. Die judikativen Macht wird durch unabhängige Gerichte ausgeübt.

- <u>Monarchische Regierungsform</u>
    - Parlamentarische Monarchie
        - <u>Erklärung:</u> Sowohl die legislative als auch die exekutive Macht liegen beim Parlament bzw. der Regierung. Der Monarch ist zwar das Staatsoberhaupt, übernimmt aber lediglich repräsentative Aufgaben. Die judikativen Macht wird durch unabhängige Gerichte ausgeübt.

- Konstitutionelle Monarchie
    - Erklärung: Der Monarch besitzt die legislative und exekutive Staatsgewalt, die aber durch Regeln einer Verfassung eingeschränkt sind. Die judikative Macht wird durch unabhängige Gerichte ausgeübt.
- Absolute Monarchie
    - Erklärung: In der absoluten Monarchie besitzt der Monarch die alleinige Macht, sowohl legislativ, exekutiv, als auch judikativ. Ohne Abstimmung mit einem Parlament kann der Monarch Gesetze verabschieden, muss sie selbst aber nicht einhalten

➢ Diktatorische Regierungsform

- Einparteienregierungsform
    - Bei dieser Regierungsform besitzt eine politische Partei die alleinige Macht, die in der Regel auch in der jeweiligen Verfassung niedergeschrieben ist. Sämtliche Regierungs- und Staatsvertreter

werden ausschließlich aus der Partei heraus bestimmt. Oppositionelle Strömungen sind untersagt.

- Diktatur
    - Bei der Diktatur handelt es sich um eine Machtform, die von einer einzelnen Person, einer Gruppe, Partei oder Familie uneingeschränkt ausgeübt wird. In einer Diktatur gibt es keine Trennung zwischen legislativer und exekutiver Macht, Menschenrechte werden nicht eingehalten und freie Wahlen finden nicht statt. Ein Diktator kann nicht abgewählt, lediglich durch einen Putsch gestürzt werden. Oppositionelle Strömungen sind verboten!

- Direktorial System

In dieser Staatsform übernimmt ein kollegiales Team die Regierungsarbeit. Dieses Team (Regierung) wird vom Parlament gewählt und übernimmt gemeinsam staatliche Aufgaben, z. B. die Repräsentation eines Staatsoberhauptes.

Aufstellung der Staaten Europas mit einer Republikanischer Regierungsform

Albanien	Parlamentarische Regierungsform
Belarus	Präsidentielle Regierungsform
Belgien	Parlamentarische Regierungsform
Bosnien - Herzegowina	Parlamentarische Regierungsform
Bulgarien	Parlamentarische Regierungsform
Deutschland	Parlamentarische Regierungsform
Dänemark	Parlamentarische Regierungsform
Estland	Parlamentarische Regierungsform
Finnland	Parlamentarische Regierungsform
Frankreich	Semipräsidentielle Regierungsform
Griechenland	Parlamentarische Regierungsform

Irland	Parlamentarische Regierungsform
Island	Parlamentarische Regierungsform
Italien	Parlamentarische Regierungsform
Kasachstan	Semipräsidentielle Regierungsform
Kosovo	Parlamentarische Regierungsform
Kroatien	Semipräsidentielle Regierungsform
Lettland	Parlamentarische Regierungsform
Litauen	Semipräsidentielle Regierungsform
Malta	Parlamentarische Regierungsform
Moldawien	Parlamentarische Regierungsform
Montenegro	Semipräsidentielle Regierungsform
Niederlande	Parlamentarische Regierungsform

Nordmazedonien	Parlamentarische Regierungsform
Norwegen	Parlamentarische Regierungsform
Österreich	Semipräsidentielle Regierungsform
Polen	Semipräsidentielle Regierungsform
Portugal	Semipräsidentielle Regierungsform
Rumänien	Semipräsidentielle Regierungsform
Russland	Semipräsidentielle Regierungsform
San Marino	Parlamentarische Regierungsform
Serbien	Semipräsidentielle Regierungsform
Slowakei	Semipräsidentielle Regierungsform
Slowenien	Semipräsidentielle Regierungsform
Spanien	Parlamentarische Regierungsform

Tschechische Republik	Parlamentarische Regierungsform
Türkei	Parlamentarische Regierungsform
Ukraine	Semipräsidentielle Regierungsform
Ungarn	Parlamentarische Regierungsform
Republik Zypern	Semipräsidentielle Regierungsform

Aufstellung der Staaten Europas mit einer Monarchischen Regierungsform

Andorra	Parlamentarische Monarchie
Großbritannien	Parlamentarische Monarchie
Liechtenstein	Konstitutionelle Monarchie
Luxemburg	Parlamentarische Monarchie
Monaco	Konstitutionelle Monarchie
Schweden	Parlamentarische Monarchie
Vatikanstadt	Absolute Monarchie

Aufstellung der Staaten Europas mit einem Direktorial System

48	Schweiz	Direktorial System

DAS POLITISCHE SYSTEM DER EUROPÄISCHEN UNION (EU)

Wenn du dich mit dem politischen System der Europäischen Union beschäftigst, wird dir sofort auffallen, dass sich Staaten mit den unterschiedlichsten Regierungsformen zusammengeschlossen haben. Es stellt sich also die Frage: Was ist denn die EU eigentlich? Ist die EU ein eigenständiger Staat oder lediglich ein wirtschaftlicher Staatenbund? Die Antwort findest du in einem Vertrag, der im Jahr 1992 in der niederländischen Stadt Maastricht von den damaligen Mitgliedsländern der EU geschlossen wurde. In diesem Vertrag regeln die Mitgliedsländer die Übergabe von Kompetenzen aus der exekutiven, legislativen und judikativen Staatsgewalt an die EU, bewahren sich aber auch weiterhin eigene Kompetenzen. Daraus kannst du den Schluss ziehen, dass die EU nicht als ein souveräner Staat anzusehen ist, sondern vielmehr ein Bündnis mehrerer Staaten darstellt. Dieser Vertrag von Maastricht bildet bis heute die Grundlage des politischen Systems der Europäischen Union.

<u>Der Vertrag von Maastricht</u>

Was beinhaltet der Vertrag von Maastricht aber im Detail und welche Aufgaben werden der neu gegründeten Europäischen Union übertragen. Bereits in der Beschreibung werden drei zukünftige

Kernbereiche, auch als *europäische Säulen* bezeichnet, klar und deutlich beschrieben (Auszüge):

Säule 1

Ziel: Die bisherigen Tätigkeits- und Entscheidungsverfahren der bisherigen Organisationen der EU zu bündeln. Betroffen sind …

… die Europäische Wirtschaftsgemeinschaft (EWG)

… die Europäische Kohle - und Stahlgemeinschaft (EGKS)

… die Europäische Atomgemeinschaft (EURATOM)

Säule 2

Ziel: Eine gemeinsame Innen-, Außen- und Sicherheitspolitik zu bewahren, diese zu fördern und zu festigen. Im Einzelnen bedeutet dies …

… die gemeinsamen Werte und die Unabhängigkeit der EU zu bewahren.

… die Sicherheit der Mitgliedsländer zu festigen.

… die Grundsätze der Vereinten Nationen (UNO) bei der internationalen Sicherheit zu erhalten.

… den internationalen Frieden zu bewahren.

... die internationale Zusammenarbeit auf allen Ebenen zu fördern.

... die demokratischen Prinzipien und Menschenrechte in den Mitgliedsländern zu bewahren.

Säule 3

Ziel: Die Zusammenarbeit bei der Innenpolitik und der Justiz zu gewährleisten. Hierzu zählen ...

... die Festlegung von Regeln bei Kontrollen an den Grenzen der EU.

... Verhinderung illegaler Grenzübertretungen.

... der Kampf gegen organisiertes Verbrechen, Terrorismus, Drogenhandel und Betrug.

... die Gründung einer gemeinsamen Polizeiorganisation.

... die Einführung und Umsetzung einheitlicher Regeln für Einwanderungen.

... die Einführung einer gemeinsamen Währung (EURO).

Weitere Aufgaben sind:

- Die EU ist verantwortlich für den Erhalt der Staatengemeinschaft.
- Die EU ist verantwortlich für die Aufnahme weiterer Staaten in die Staatengemeinschaft.
- Die Erweiterung von Befugnissen des Europäischen Parlaments.
- Die Stärkung des Europäischen Gerichtshof (EuGH).
- Die Einführung einer einheitlichen Unions-Bürgerschaft innerhalb der Mitgliedländer.
- Die Einführung einer uneingeschränkten Reisefreiheit innerhalb der EU.
- Einen diplomatischen Schutz außerhalb der EU durch die Botschaften aller Mitgliedsländer zu erhalten.

Politische Institutionen der EU

Die Politik der Europäischen Gemeinschaft basiert auf dem Zusammenspiel dreier Bereiche, die eng miteinander verbunden sind:

- Den Bürgern / Wählern der einzelnen Mitgliedstaaten.
- Den gewählten Parlamenten und Regierungen der einzelnen Mitgliedsstaaten.
- Den politischen Institutionen der EU.

Zu den ersten beiden Bereichen hast du schon viel an Informationen erhalten. Die Institutionen der EU sind mittlerweile sehr umfangreich. Bei den wichtigsten Institutionen handelt es sich um:

- Das Europäische Parlament

  Das Europäische Parlament ist das gesetzgebende Organ der EU. Es wird alle fünf Jahre durch die Bürger der EU neu gewählt. Die Aufgaben des Europäischen Parlaments konzentrieren sich auf folgende Bereiche:
  - Die Gesetzgebung, u. a.:
    - Genehmigung von neuen Rechtsvorschriften innerhalb der EU.
    - Zustimmung für internationale Abkommen.
    - Zustimmung über den Beitritt neuer Mitgliedsstaaten.
  - Die Kontrolle / Aufsicht
    - Kontrolle aller Organe der EU
    - Wahl des Präsidenten der EU - Kommission.
    - Eröffnung von Misstrauensanträgen gegenüber der EU-Kommission
    - Eingabe von Petitionen einzelner EU-Bürger
    - Einsetzung von Untersuchungsausschüssen

- Haushalt
    - Aufstellung eines EU - Haushalt
    - Kontrolle und Genehmigung des EU - Haushalts

Das Europäische Parlament ist eins von zwei beschlussfähigen Organen der EU.

- Der Europäischen Rat

  In diesem Gremium kommen sämtliche Regierungschefs der einzelnen Mitgliedsländer und die Präsidenten des Europäischen Rates und der Europäischen Kommission zusammen, um über die politische Richtung innerhalb und außerhalb der EU zu beraten. Ergebnisse dieser Treffen haben aber keine gesetzgebende Form und müssen vom Europäischen Parlament verabschiedet werden. Das Treffen des Europäischen Rates findet mindestens alle sechs Monate statt. Bei besonderen Anlässen werden auch kurzfristige Treffen vereinbart. Der Präsident des Europäischen Rates wird seit 2009 für eine Amtsperiode von 2,5 Jahre gewählt. Eine Wiederwahl ist ein Mal möglich. Der Dienstsitz des Präsidenten ist Brüssel.

Bisherige Präsidenten des Europäischen Rates

Name	Land	Amtsantritt	Amtsende
Herman Van Rompuy	Belgien	01.12.2009	30.11.2014
Donald Tusk	Polen	01.12.2014	30.11.2019
Charle Michel	Belgien	01.12.2019	aktuell

- Der Rat der Europäischen Union

  In diesem Gremium kommen die Fachminister der Mitgliedsstaaten zusammen, um über geltende Vorschriften, Probleme usw. zu diskutieren und diese zu ändern oder einzuführen. Die Minister vertreten die Mitgliedsstaaten verbindlich und sind befugt, Entscheidungen verbindlich zu treffen. Der Rat der Europäischen Union ist das zweite beschlussfähige Organ der EU.

- Die Europäische Kommission

  Dieses Gremium ist u. a. zuständig für:
  - Die Erarbeitung von Vorschlägen für neue Rechtsvorschriften.
  - Die Umsetzung von Beschlüssen des EU - Parlaments und des Rates der EU.

- Die Vergabe und Überwachung von Finanzmitteln und deren korrekten Einsatz.
- Die Überwachung der Rechtsvorgaben der EU.
- Die Ausarbeitung internationaler Verträge.
- Die Vertretung der EU - Außenpolitik

Die Europäische Kommission setzt sich aus jeweils einem Mitglied pro EU-Staat zusammen. Diese Mitglieder, auch Kommissare genannt, vertreten jeweils einen politischen Bereich innerhalb der EU. Geführt wird die Europäische Kommission von einem Präsidenten. Der Präsident und die Kommissare werden seit 1967 im Anschluss zur Europawahl alle fünf Jahre neu benannt, müssen aber von den Abgeordneten des Europäischen Parlaments noch gewählt werden. Eine Wiederwahl ist 1 Mal möglich. Der Dienstsitz des Präsidenten ist Brüssel.

Bisherige Präsidenten der Europäischen Kommission

Name	Land	Amtsantritt	Amtsende
Jean Rey	Belgien	06.07.1967	30.06.1970
Franco Maria Malfatti	Italien	01.07.1970	21.03.1972
Sicco Leendert Mansholt	Niederlande	22.03.1972	05.01.1973
Francois Xavier Ortoli	Frankreich	06.01.1973	05.01.1977
Roy Jenkins	Großbritannien	06.01.1977	05.01.1981
Gastom Thorn	Luxemburg	06.01.1981	05.01.1985
Jaques Delors	Frankreich	06.01.1985	22.01.1995
Jaques Santer	Luxemburg	23.01.1995	15.03.1999
Manuel Marin	Spanien	16.03.1999	15.09.1999
Romano Prodi	Italien	16.09.1999	21.11.2004
Jose Manuel Barroso	Portugal	22.11.2004	21.10.2014
Jean-Claude Juncker	Luxemburg	01.11.2014	30.11.2019
Ursula von der Leyen	Deutschland	01.12.2019	aktuell

- Der Gerichtshof der Europäischen Union (EuGH)

  Die Aufgaben des Gerichtshofes liegen in der Überwachung von EU - Rechten und ob diese auch gesetzesgerecht eingehalten werden. Der Europäische Gerichtshof setzt sich aus zwei Gerichten zusammen, dem Gerichtshof und dem Gericht. Das Gremium des Gerichtshofes wird aus jeweils einem Richter pro EU - Land und 11 Generalanwälten zusammengesetzt, das Gericht aus jeweils zwei Richter pro EU - Land. Die Richter und die Generalanwälte werden für den Zeitraum von sechs Jahren in den jeweiligen Mitgliedsländern gewählt. Eine Wiederwahl für weiter sechs Jahre ist möglich. Der Präsident wird durch die Richter der beiden Kammern für drei Jahre gewählt. Auch in dieser Position ist eine Wiederwahl für drei Jahre möglich. Der Sitz des Europäischen Gerichtshof ist in Luxemburg.

Bisherige Präsidenten des Europäischen Gerichtshof

Name	Land	Amtsantritt	Amtsende
Massimo Pilotti	Italien	23.07.1952	06.10.1958
Andre Donner	Niederlande	07.10.1958	07.10.1964
Charles Leon Hammes	Luxemburg	08.10.1964	09.10.1967
Robert Lecourt	Frankreich	10.10.1967	06.10.1976
Hans Kutscher	Deutschland	07.10.1976	31.10.1980
Jose J. de Wilmars	Belgien	01.11.1980	10.04.1984
Alexander Mackenzie	Großbritannien	11.04.1984	06.10.1988
Ole Due	Dänemark	07.10.1988	06.10.1994
Gil Rodriguez Iglesias	Spanien	07.10.1994	06.10.2003
Vassilios Skouris	Griechenland	07.10.2003	07.10.2015
Koen Lenarts	Belgien	08.10.2015	aktuell

- Die Europäische Zentralbank (EZB)

  Die Europäische Zentralbank ist zuständig für die Stabilität der europäischen Währung (Euro) und der Umsetzung der Währungspolitik der EU. Durch die EZB wird der Leitzins innerhalb der EU festgelegt, die Währungsreserven der EU verwaltet und die Stabilität des Bankensystems in Europa überwacht. Die EZB wird durch einen Präsidenten national und international vertreten. Gewählt wird der Präsident für eine Amtszeit von acht Jahren. Eine Wiederwahl ist ausgeschlossen. Der Dienstsitz der Europäischen Zentralbank befindet sich in Frankfurt / Main.

Bisherige Präsidenten der Europäischen Zentralbank

Name	Land	Amtsantritt	Amtsende
Wim Duisenberg	Niederlande	01.06.1998	31.10.2003
Jean-Claude Trichet	Frankreich	01.11.2003	31.10.2011
Mario Draghi	Italien	01.11.2011	31.10.2019
Christine Lagarde	Frankreich	01.11.2019	aktuell

Weitere Institutionen der EU sind:

- Europäischer Rechnungshof
- Europäische Investitionsbank (EIB)
- Europäischer Auswärtiger Dienst (EAD)
- Europäischer Ausschuss der Regionen (AdR)
- Europäischer Datenschutzbeauftragter (EDSB)
- Europäischer Datenschutzausschuss (EDSA)
- Europäischer Wirtschafts- und Sozialausschuss (EWSA)
- Europäischer Bürgerbeauftragter

Hat es dir gefallen was du bis jetzt gelesen und gelernt hast? Falls ja würde ich mich über eine Rezension auf Amazon freuen!

Philosophie

Was ist eigentlich Philosophie? Diese Frage wirst nicht nur du dir stellen. Die meisten Menschen wissen mit dieser Wissenschaft wenig anzufangen. Das liegt sicherlich daran, dass die Philosophie nicht greifbar ist, sehr geheimnisvoll zu sein scheint und teilweise auch als mystisch angesehen wird. Dabei ist Philosophie recht einfach zu erklären. Du brauchst dir nur den altbewährten Duden zur Hand nehmen. Dort findest du sogar zwei Bedeutungen:

Zitate zur Bedeutung der Philosophie:

„Philosophie ist die Wissenschaft von der Erkenntnis des Sinns des Lebens, der Welt und die Stellung des Menschen in der Welt."

und

„Philosophie ist die persönliche Art und Weise, das Leben und die Dinge zu betrachten."

Dabei kann Philosophie recht einfach erklärt werden. Der Grundstock der Philosophie besteht im Fragen, besser gesagt im Hinterfragen. Ein Philosoph stellt Fragen, damit er die Welt um sich herum und die Menschen, die in dieser Welt leben, besser verstehen lernt. Stelle dir als Beispiel ein kleines Kind vor, dass wissbegierig seine Eltern nach einem bestimmten Sachverhalt fragt. Nach einer Antwort fragt es weiter und weiter und weiter. Warum verhält sich das Kind derartig. Darauf haben Erwachsene eine recht simple Antwort: Das Kind versucht ihm Unbekanntes zu verstehen und zu begreifen. Nichts anderes macht ein Philosoph. Er stellt seine wichtigen Fragen, um etwas zu verstehen.

Die Bezeichnung Philosophie stammt aus dem altgriechischen Sprachschatz. Die Worte *„philia“* (=Liebe) und *„sophia“* (=Weisheit) ergeben frei übersetzt „Liebe zur Weisheit“. Bereits im alten Griechenland erkannt man, das die Fragestellungen zur Welt, in der man lebte und die Existenz der Menschen darin, eine Wissenschaft war. Ständig neue Antworten waren auch förderlich für die geschichtliche Entwicklung in der Antike. Platon, Aristoteles und Sokrates wurden schon in der Antike als berühmte Philosophen betrachtet.

Im Laufe der Jahrtausende hat sich die Wissenschaft derart entwickelt, dass man heute von acht Bereichen innerhalb der Philosophie ausgeht:

1. Die Ontologie
2. Die Sprachphilosophie
3. Die Wissenschaftstheorie
4. Die Erkenntnistheorie
5. Die politische Philosophie
6. Die Ethik
7. Die Ästhetik
8. Die logische Philosophie

DIE ONTOLOGIE (DIE LEHRE VOM SEIENDEN)

In diesem Bereich beschäftigt sich der Ontologe mit zwei Unterbereichen:

1. mit der Existenz von Phänomenen
2. mit realen und greifbaren Dingen

Beispiel zu 1: Folgende Fragen stehen im Raum: Was ist der Mensch? Hat die Entstehung der Welt einen Beginn? Gibt es einen allmächtigen Gott? Ist ein Krokodil gleichzusetzen mit einem Drachen, da dieser nicht existiert und somit nur fiktiv vorhanden ist.

Beispiel zu 2: Es wird nicht nur hinterfragt, ob was existiert bzw. nicht existiert, sondern auch überlegt, welchen Beziehungen zwischen diese greifbaren Dinge bestehen.

Über alles stehen die Fragen nach dem „Sein". Die Antworten können aber nur theoretischer Art sein. Sie können weder bewiesen, noch bestritten werden.

DIE SPRACHPHILOSOPHIE

Die Sprachphilosophie wird heutzutage unter Fachleuten als das wichtigste Gebiet innerhalb der Philosophie betrachtet. Sie beschäftigt sich übergeordnet mit dem Wesen der Sprache, betrachtet dabei aber unterschiedliche Bereiche, u. a.:

- Den Ursprung der Sprache.
- Das Verhältnis von Sprache zur Bedeutung.
- Die natürliche Sprache im Verhältnis zur inhaltlichen Sprache.
- Die Sachbezogenheit der Sprache
- Die Sprachdifferenzen unterschiedlicher Kulturen

DIE WISSENSCHAFTSTHEORIE

Dieser Bereich der Philosophie beschäftigt sich mit den Grundlagen wissenschaftlicher Arbeiten und inwieweit diese in der Praxis zur Anwendung gelangen.

DIE ERKENNTNISTHEORIE

Dieser Bereich befasst sich mit den menschlichen Überzeugungen und deren Wahrheit, Formen und ihrer Rechtfertigung. Dabei nutzt die Erkenntnistheorie drei unterschiedliche Verfahren:

- Die Begriffsanalyse
    - Hierbei wird der Versuch unternommen, Wissen, Wahrheit und Rechtfertigung zu klären.

- Den Skeptizimus
    - Hierbei wird der Versuch eine Antwort auf die Frage zu finden, welche Erkenntnisse die menschliche Überzeugung unterstützen.

- Die Methodologie
    - Hierbei soll geklärt werden, welche Möglichkeiten, Methoden oder Hinweise genutzt werden, um Wissen zu erlangen.

DIE POLITISCHE PHILOSOPHIE

Wie die Bezeichnung schon andeutet, beschäftigt man sich die Fachleute in diesem Bereich mit den politischen Ideologien und Werten, die aus politischen und wirtschaftlichen Vorschlägen heraus begründet sind.

DIE ETHIK

Im philosophischen Bereich Ethik beschäftigen sich die Fachleute mit den sittlichen, moralischen Normen. Nahezu alle Menschen handeln nach einem vorgegebenen Sittencodex, aber nur wenige stellen sich die Frage, ob ihr Handeln auch wirklich ihren sittlichen Regeln entsprechen.

DIE ÄSTHETIK

Dieser Zweig beschäftigt sich mit der Wahrnehmung von Schönheit in der Kunst, in der Natur und im Leben. Die Frage, die sich Philosophen in diesem Bereich aber stellen, ist die Feststellung, ob es sich bei Schönheit um eine visuelle Wahrnehmung handelt oder andere Einflüsse einwirken. Hierzu können z. B. Sinnesreize und Vorurteile führen.

DIE LOGISCHE PHILOSOPHIE

„Ist doch logisch!“. Eine Aussage, die du vermutlich schön häufiger gehört hast. Aber ist es wirklich logisch. Im Bereich der logischen Philosophie werden die Zusammenhänge hinterfragt, die zu der anfänglichen Aussage führen können. Eigentlich ist aber nicht alles logisch. Nachweisen kann man dies bei falschen Schlussfolgerungen, den sogenannten Fehlschlüssen. Hierbei handelt es sich um Argumente, die entweder nicht stimmen oder einfach nur falsch sind. Fachleute unterscheiden die Fehlschlüsse in zwei Gruppen:

- Formelle Fehlschlüsse
- Informelle Fehlschlüsse

Beispiel eines formellen Fehlschlusses

Aussage 1	… **alle** Nachbarn finden deinen Garten super!
Aussage 2	… Karl ist ein Nachbar!
Aussage 3	… Karl findet deinen Garten super!

Der Fehlschluss liegt im ersten formellen Wort **„alle"**. Diese Argumentation ist nicht nachweisbar, wird lediglich vorausgesetzt, ist folglich falsch und lässt das gesamte Argument dadurch hinfällig werden.

Beispiel eines informellen Fehlschlusses

Aussage 1	Kinder gehören zur Mutter, das ist **von Natur** aus so!

Hier liegt eine Aussage vor, die aufgrund einer natürlichen Folgerung (Nur Mütter können Kinder bekommen) eine informelle, also eine nicht zwingend erforderliche Begründung erhält. Es geht nicht um das Wort „bekommen“, sondern um das Wort „gehören“. Kinder können z. B. auch zu einer anderen Person gehören.

BERÜHMTE PHILOSOPHEN DER VERGANGENHEIT UND NEUZEIT

Antike:

- Platon (428/427 - 348/347 vor Chr.)
  Zitat: *„So schön auch Erkenntnis und Wahrheit sind, weit schöner noch ist das Gute“*

- Aristoteles (384 - 322 vor Chr.)
  Zitat: *„Es gibt eine Wissenschaft, die das Seiende als solches untersucht“*

- Sokrates (469 - 399 vor Chr.)
  Zitat: *„Es ist besser, Unrecht zu leiden als Unrecht zu tun“*

Mittelalter:

- Augustinus (354 - 430)
  Zitat: „*Glaube, damit du erkennst*"

- Anselm von Canterbury (1033 - 1109)
  Zitat: „*Der Glaube sucht einsichtig zu werden*"

- Wilhelm von Ockham (1288 - 1347)
  Zitat: „*Der Allgemeinbegriff ist eine Fiktion*"

Frühe Neuzeit:

- Gottfried Wilhelm Leibniz (1646 - 1716)
  Zitat: „*Die Monaden*** *sind die wahren Atome der Natur*"
  ** Monade = gedachte Einheit

- Immanuel Kant (1724 - 1804)
  Zitat: „*Die Gegenstände müssen sich nach unserer Erkenntnis richten*"

- Johann Gottlieb Fichte (1762 - 1814)
  Zitat: „*Was für eine Philosophie man wähle, hängt davon ab, was man für ein Mensch ist*"

19. und 20. Jahrhundert

- Friedrich Nietzsche (1844 - 1900)
  Zitat: *„Der Übermensch ist der Sinn der Erde"*

- Artur Schopenhauer (1788 - 1860)
  Zitat: *„Alles Leben ist Leiden"*

- Karl Marx (1818 - 1883)
  Zitat: *„Die Philosophen haben die Welt nur verschieden interpretiert, es kommt darauf an, sie zu verändern"*

- Albert Camus (1913 - 1960)
  Zitat: *„Wir müssen uns Sisyphos als glücklichen Menschen vorstellen"*

- Jean Paul Sartre (1905 - 1980)
  Zitat: *„Der Mensch ist dazu verurteilt, frei zu sein"*

Psychologie

Wenn du die Herkunft des Begriffs Psychologie genauer betrachtest, wird dir sehr schnell klar, womit sich die Psychologie beschäftigt. Das Wort Psychologie setzt sich aus den altgriechischen Worten *„psyche“* (= Seele, Gemüt) und *„logos“* (= Lehre, Wissenschaft) zusammen. Psychologie ist also eine Wissenschaft, die sich mit der Seele des Menschen beschäftigt. Psychologie ist einfach ausgedrückt eine „Seelenkunde“.

Unter Psychologen ist das Ziel dieser Wissenschaft sehr genau definiert. Die Psychologie ist auf der Suche nach Erklärungen und Ursachen, um menschliches Verhalten und die Entwicklung bzw. die Ursachen dieser Verhaltensmuster zu beschreiben und zu analysieren. Dazu können und werden auch Lösungen angeboten, um Verhaltensmuster positiv zu verändern.

Ein klassisches Beispiel für menschliches Verhalten, das du vielleicht selbst, so oder ähnlich, in der Schulzeit erlebt hast, ist folgendes:

- Phase 1: Peter greift sich vor Beginn des Unterrichts Claudias Schultasche und rennt davon.
- Phase 2: Claudia reagiert empört und wirft Peter einige derbe Schimpfworte hinterher.

Aus dieser Situation ergeben sich jetzt zwei entscheidende Fragen:

- Zu Phase 1: Warum nimmt Peter überhaupt Claudia die Tasche weg?
- Zu Phase 2: In welchem Zusammenhang steht das Verhalten von Peter zu dem von Claudia?

Für Psychologen ist aber auch die umgekehrte Frage zu Phase 2 von Interesse, die da wäre:

- Zu Phase 2 (Alternativ): In welchem Zusammenhang steht das Verhalten von Claudia zu dem von Peter?

Da sich die Psychologie mit der Seele des Menschen beschäftigt, seelische Probleme aber durchaus auch körperliche Probleme mit sich bringen, kann man die Psychologie auch als übergreifende Wissenschaft bezeichnen. So kann z. B. in bestimmten Fällen eine enge Zusammenarbeit mit der Humanmedizin sinnvoll sein. Psychologen zitieren daher gerne folgender Formulierung:

„Die Seele zeigt ihren Schmerz in der Regel anfänglich über körperliche Symptome!"

Zu den körperlichen Symptomen können gehören u. a.:

- Dauerhafte Magenschmerzen
    - Der Volksmund spricht: *„Das ist ihm / ihr aber gehörig auf den Magen geschlagen!“*
- Anhaltende Rückenschmerzen
    - Der Volksmund spricht: *„Mit dem Paket hat er / sie aber mächtig zu schleppen!“*
- Einschlafprobleme
    - Negative Gedanken (z. B. ärztliche Diagnosen, Familien- oder Geldprobleme) laufen Sturm im Gehirn.
- Häufige Migräne (resultierend aus den Einschlafproblemen)
- Konzentrationsstörungen
    - Der Volksmund spricht: *„Er / Sie denkt aber auch immer an zu viel!“*
- Hautauschlag (ärztlicher Wissenstand: Der Spiegel unserer Seele ist die Haut)

Sollten durch den Humanmediziner allerdings keine körperlichen Probleme festzustellen sein, die körperlichen Probleme also tatsächlich psychischer Natur sein, kann der Psychologe den Patienten auch an einen Psychotherapeuten weiterleiten. Hier zeigt sich sehr klar der Unterschied beider Wissenschaften:

- Der Psychologe kann die „Seelenkrankheit" **erkennen.**
- Der Psychotherapeut kann die „Seelenkrankheit" **heilen.**

Psychotherapeuten sind ausgebildete Psychologen, allerdings mit der ergänzenden Weiterbildung im Bereich Therapie.

Die heutzutage bekannteste Diagnose einer Krankheit mit einem psychischen Hintergrund ist „burn out" (=ausgebrannt). Bei dieser Krankheit leidet der Patient an einem Erschöpfungszustand, der zusätzlich durch weitere Symptome verstärkt werden kann, z. B. Schlaf- und Appetitlosigkeit oder sogar Kreislaufprobleme. Der Auslöser von „burn out" ist aber kein klassisches körperliches Leiden, sondern die extreme psychische Belastung. Stress, Sorgen oder Erfolgsdruck im Beruf können dazu führen, dass der Körper „abschaltet", beim Patienten Versagensängste und damit eine „Seelenkrankheit" auslöst. Die Dauer einer Behandlung von „burn out" kann sechs Monate, aber auch durchaus mehrere Jahre dauern.

Im Laufe der Zeit entwickelte sich die Psychologie weiter. Unter den Fachleuten verstärkte sich das Wissen darin, dass nicht jede „Seelenkrankheit" die gleiche Basis für eine Behandlung mit sich brachte. So wurden eigenständige Therapieformen entwickelt. Nachfolgend die drei bekanntesten Therapieformen.

THERAPIEFORMEN DER PSYCHOTHERAPIE

Psychoanalyse (auch Analytische Psychotherapie genannt)

Die erste Behandlungsform innerhalb der Psychotherapie, die Psychoanalyse, wurde zu Beginn des 20. Jahrhunderts von Sigmund Freud (* 06.05.1856 - † 23.09.1939), ein österreichischer Arzt und Neurologe, entwickelt. Er gilt auch als Begründer der Therapieformen innerhalb der Psychologie.

Bei der Psychoanalyse wird eine einzige Frage in den Mittelpunkt der Behandlung gestellt:

„Was ist die Ursache für mein Problem?"

Freud versuchte in Gesprächen mit dem Patienten negative Ereignisse zu analysieren, die sich in der Vergangenheit, vorrangig der Kindheit, zugetragen haben. Er vertrat die Ansicht, dass sich alle seelischen Probleme aus Konflikten der Kindheit entwickeln. Das Prinzip einer Heilung sah Freud darin, dass der Patient die Ursache der Vergangenheit erkennen und verstehen sollte, um damit seine innere Ausgeglichenheit wiederherstellen zu können.

Wichtig: Bei der Behandlung liegt der Patient auf einer Liege, während der Therapeut außerhalb des Blickfeldes des Patienten sitzt. Der Patient wird somit von nichts und niemanden beeinflusst.

Verhaltenstherapie

Bei dieser Therapieform geht man davon aus, dass seelische Störungen erlernt werden und somit durch eingesetzte Methoden auch wieder verlernt werden können. Im Gegensatz zur Therapieform der Psychoanalyse geht man bei der Verhaltenstherapie nicht in Analysen der Vergangenheit ein, sondern ergründet, welches atypische Verhalten aktuell vorliegt und welche Auswirkungen diese auf den Patienten ausüben. Die eingesetzten Methoden sollen dann dieses Verhalten abstellen und das seelische Gleichgewicht wiederherstellen.

Tiefenpsychologisch fundierte Psychotherapie

Diese Therapie basiert auf den Grundlagen der Psychoanalyse. Der Unterschied liegt darin, …

- dass Methoden zur Heilung gezielter eingesetzt werden. Der Therapeut erarbeitet lediglich die hervorstechenden Probleme des Patienten und setzt gezielt unterschiedliche Techniken zur Heilung ein.

- die Behandlungsdauer eine geringere Zeit, maximal 120 Behandlungen, in Anspruch nimmt.

Wichtig: Bei der Behandlung sitzt der Patient dem Therapeuten gegenüber. Ein Blickkontakt ist bei dieser Therapieform gewollt.

BERÜHMTE PSYCHOLOGEN

- Wilhelm Wundt (* 16.08.1832 - † 31.08.1920)
  Begründer der experimentellen Psychologie. Bei diesem Verfahren wird durch den Einsatz wissenschaftlich erarbeiteter Experimente nach dem Grund der seelischen Störung geforscht.

- Iwan Pawlow (* 26.09.1849 - † 27.02.1936)
  Erhielt im Jahr 1904 den Nobelpreis.

- Jean Piaget (* 09.08.1896 - † 16.09.1980)
  Gilt als Begründer der kognitiven Entwicklungspsychologie. Bei diesem Verfahren werden die Entwicklungsstufen eines Patienten ab der Geburt untersucht.
- William James (* 11.01.1842 - † 26.08.1910)

Gilt als Begründer der Psychologie in den USA.

- Albert Ellis (* 27.09.1913 - † 24.07.2007)
  Mitbegründer der Verhaltenstherapie.
- Carl Gustav Jung (* 26.07.1875 - † 06.06.1961)
  Mitbegründer der Tiefenpsychologisch fundierten Psychotherapie

Biologie

Wenn du das Wort Biologie liest, wirst Du vermutlich umgehend an deine Schulzeit erinnert. Was hast du im Biologie - Unterricht nicht alles Interessantes zu Tier und Pflanze gelernt. Vielleicht stellen sich gerade aus diesen Erfahrungen einige Fragen, u. a.:

- Was bedeutet Biologie eigentlich?
- Welchen Nutzen bringt Biologie gegenüber der Gesellschaft auf?
- Beschäftigt sich Biologie tatsächlich nur mit Tier und Pflanze?

Biologie ist ein sehr komplexes Themengebiet, das sich mit jeglicher Art lebender Wesen, gleich ob sehr groß oder mikroklein beschäftigt. Dazu gehören selbstverständlich auch Tiere und Pflanzen, aber auch der Mensch, die Kleinstlebewesen oder die Bakterien. Biologie ist nicht nur dazu da, das Leben bzw. die Lebensart dieser Wesen zu präsentieren, sondern sie auch zu verstehen. Biologie muss sogar noch weiter gehen, als nur zu verstehen. Sie muss gewonnene Erkenntnisse ständig hinterfragen, sie ergänzen, korrigieren und notfalls auch aufheben. Dadurch unterscheidet sich die Biologie von anderen Wissenschaften, wie z. B. Chemie, Physik oder Mathematik. Sie alle weisen ihre Erkenntnisse als dauerhaft aus und sind somit endgültig und gesetzmäßig. Sicherlich kennst du die physikalischen Gesetze des englischen Physikers, Mathematiker und Astronomen Issac Newton (* 04.01.1643 - † 31.03.1727). So lautet z. B. das 1. Gesetz:

Kraft ist Masse mal Beschleunigung!

Diese Erkenntnis / dieses Gesetz ist schon mehr als 300 Jahre gültig!

Es gibt keine Erkenntnis aus der Biologie, die einen derart langen Zeitraum gültig ist. Daher wird die Biologie heutzutage immer mehr als *„lebende Wissenschaft"* bezeichnet.

Biologie steht heute für die Erforschung aller Lebensvorgänge. Die Bandbreite der biologischen Forschungen reichen dabei über den molekularen Bereich bis zu Stoffwechsel und Energieflüsse. Dabei werden ständig neue Zusammenhänge festgestellt. Eine der wichtigsten Erkenntnisse der biologischen Forschung ist die Entdeckung der Desoxyribonukleinsäure, besser bekannt als DNA. Dieses Biomolekül beinhaltet bei allen Lebewesen die Erbinformationen, medizinisch erklärt, die Struktur der Gene. Eine Erkenntnis, die heutzutage in den unterschiedlichsten Möglichkeiten und einer weiten Bandbreite ihren Einsatz findet.

- Wie viele Verbrechen wurde mittels einer DNA - Spur aufgeklärt?

➤ Wie viele Vaterschaften wurden aufgrund der DNA bestätigt?

Mittlerweile gliedert sich der Bereich der Biologie in insgesamt 15 Teilbereiche auf

1. Botanik bzw. Pflanzenwissenschaft

   Die Forschung des Teilbereichs Botanik befasst sich mit den Pflanzen und …

   … ihrem genetischen Aufbau.

   … ihrem Stoffwechsel und Lebenszyklus.

   … ihren Inhaltsstoffen und der Einsatzmöglichkeit als Heilmittel.

   … ihre Wechselbeziehung zum Menschen, zu Tieren und der Umwelt.

   … ihren Einsatz als Nutzpflanze.

2. Entwicklungsbiologie

   Die Forschung des Teilbereichs Entwicklungsbiologie befasst sich mit den Pflanzen und …

   … der Entwicklung einer Pflanze vom Samen bis zur komplett ausgebildeten Pflanze.

   … der Entwicklung einer Pflanze im Laufe der Vergangenheit.

3. Evolutionsbiologie

   Die Forschung des Teilbereichs Evolutionsbiologie befasst sich mit der Pflanze und …

   … ihrer Entwicklung im Laufe der Erdgeschichte.

4. Genetik (auch als Vererbungslehre bezeichnet)

   Die Forschung des Teilbereichs Genetik befasst sich mit der Pflanze und …

   … der Vererbung eigener Gene und den Eigenschaften ihrer individuellen Merkmale.

5. Humanbiologie

   Die Forschung des Teilbereichs Humanbiologie befasst sich mit dem Menschen und …

   … seinem Organismus, sowie deren biologische Vorgänge.

6. Mikrobiologie

   Die Forschung des Teilbereichs Mikrobiologie befasst sich mit den Mikroorganismen, z. B. als Bakterium, Virus, Urtierchen, Pilz oder Alge und ihren Wechselwirkungen auf Menschen, Tier und Pflanze. Geforscht wird mit Hilfe eines Mikroskops.

7. Molekularbiologie

   Die Forschung des Teilbereichs Molekularbiologie beschäftigt sich mit dem Zellaufbau einer Pflanze und ihrer Funktion. Erkenntnisse aus dieser Forschung bilden häufig die Basis für medizinische Forschungen.

8. Ökologie

   Innerhalb der Ökologie werden Lebewesen, gleich ob Mensch, Tier, Pflanze oder

Bakterium in Wechselwirkung zu ihrem normalen Umfelde erforscht.

9. Physiologie

   Dieser Teilbereich beschäftigt sich mit der Funktion des Körpers mit seinen Organen und Zellen, z. B. dem Stoffwechsel, der Entwicklung und der Fortpflanzung.

10. Synthetische Biologie

   Die synthetische Biologie versucht aus Erkenntnissen anderer biologischer Fachbereiche Bausteine zu entwerfen, um biologische Systeme nachzubauen bzw. zu verändern. Daraus gewonnene Forschungsergebnisse lassen sich vielfältig anwenden, z. B. …

   … bei der Produktion von synthetischer Energie (Ethanol, Wasserstoff).

   … bei der Reduzierung von Umweltverschmutzungen durch Mikrobakterien.

   … bei der Entwicklung von Impfstoffen aus Zellkulturen.

   … bei dem Klonen von lebenden, aber auch verstorbenen Lebewesen (ethisch bedenklich!)

   … bei der Produktion von Farben, Plastik oder kosmetischer Artikel.

11. Systembiologie

   Die Systembiologie erforscht das konzeptionelle Zusammenspiel der Stoffwechselvorgänge von Zelle, Organ und Körper.

Vereinfacht ausgedrückt, soll durch die Forschungen das Leben verständlich gemacht werden.

12. Theoretische Biologie

    In diesem Teilbereich werden die wechselnden Auswirkungen von Prozessen innerhalb der Ökologie und Evolution mittels mathematischer Regeln erforscht. Ein Ergebnis war z. B., dass die Entwicklungsdynamik einer Population sich mit starken Individuen erfolgreicher vermehrt als mit schwachen Individuen. Wie stark sich diese Vermehrung auswirkt, zeigen Beispiele aus mehreren mathematischen Rechenspielen.

13. Verhaltensbiologie

    Die Verhaltensbiologie befasst sich mit der Forschung und Analyse von Verhaltensmustern bei Menschen und Tieren. Im Forschungsbereich Mensch liefert dieser Teilbereich wichtige Informationen für psychologische, psychiatrische und psychoanalytische Maßnahmen. Die Verhaltensbiologie ist eng verbunden mit dem Teilbereich Genetik.

14. Zellbiologie

    Bei der Zellbiologie werden die kleinsten Bauteile des organischen Lebens, die Zellen, nach biologischen Vorgängen untersucht. Einerseits ist das Ziel der Zellbiologie, die biologischen Vorgänge innerhalb einer Zelle zu erforschen, um andererseits aus diesen Erkenntnissen Informationen für die Entwicklung von Medikamenten zu erhalten. Die besten Beispiele dafür sind Medikamente zur Blutbildung bzw. -gerinnung.

15. Zoologie

Die Zoologie (auch Tierkunde genannt) erforscht das Leben, den körperlichen Aufbau und die Körperfunktionen der Tiere. Das Ziel dieses Bereiches bezieht sich dabei nicht nur auf lebende Individuen, sondern auch auf Fossilien, also bereits ausgestorbene Lebewesen.

Sport

Zu diesem Kapitel musst du dir sofort folgende Frage stellen: Was bedeutet eigentlich das Wort „Sport". Vermutlich wirst du darauf sofort antworten: Sport ist Bewegung! Sport ist körperliche Ertüchtigung! Sport fördert aktiv die Gesundheit!

Ist aber wirklich nur Bewegung und Ertüchtigung gesundheitsfördernd?

Wo gliederst du z. B. Schach ein oder den heute immer beliebter werdenden E-Sport. Letzteres trägt sogar den Namen „Sport" in seiner Bezeichnung. Beides Aktivitäten, in denen man kaum von Bewegung oder körperlicher Ertüchtigung reden kann.

Für Wissenschaftler ist es mittlerweile bewiesen, dass Bewegungssport nicht nur die körperliche Gesundheit und Leistungsfähigkeit fördert, sondern auch die geistige. Im Umkehrschluss bedeutet das aber, dass geistige Betätigung auch die körperliche Verfassung fördert. Allerdings kann man Sport heute nicht mehr nur noch als Gesunderhaltung betrachten. Sport ist heute auch ein großer Geschäfts- und Berufszweig. Einerseits werden Millionenbeträge für Marketing und Sponsoring investiert, um bei den Übertragungen von Sportveranstaltungen durch die Medien immer mehr Zuschauer oder Zuhörer erreichen zu können. Andererseits haben heutzutage Menschen ihre sportliche Aktivität zum Beruf gemacht.

Daher wird der Sport heute in vier Gruppen aufgeteilt, die du dir als Pyramide vorstellen kannst:

Berufssport

Spitzensport

Leistungssport

Breitensport

Ein Berufssportler (Profi) musste früher alle Stufen dieser Pyramide durchlaufen. Heute sieht das schon ganz anders aus. Bereits im Breitensport halten ausgebildete Scouts Ausschau nach jungen Talenten, um sie schnell zum Berufssport zu bringen, und Sportagenten vermarkten diese dann. So können junge Talente bereits ohne berufliche Ausbildung sehr viel Geld verdienen. Bedenken muss man allerdings, dass die Phase des Geldverdienens lediglich endlich ist. So ist das durchschnittliche Alter eines Fußballprofis am Ende seiner Karriere bereits bei 33 – 35 Jahren. Wer bis dahin nicht ausreichend vorgesorgt hat, fällt zwangsläufig in ein wirtschaftlich tiefes Loch.

Doch wie hat sich der Sport im Laufe der Menschheitsgeschichte entwickelt?

Zeitraum von 1.600 - 1.200 vor Chr.

Archäologen haben erste Nachweise sportlicher Aktivitäten aus der Zeit des Mykenischen Reiches entdeckt. Abbildungen von sportlichen Wettkämpfen wurden bei Ausgrabungen auf Krügen und Schalen gefunden.

Zeitraum von 800 - 500 vor Chr.

In diesem Zeitraum entwickelte sich aus der körperlichen Aktivität einer einzelnen Person der Sport als Wettkampf untereinander. Diese Wettkämpfe wurden zu Ehren der Götter abgehalten. Im Jahr 776 vor Chr. wurden die ersten heiligen Wettkämpfe zu Ehren des Gottes Zeus statt. Heute besser bekannt als Olympische Spiele der Antike.

Zeitraum 500 - 300 vor Chr.

Es war der Beginn der Einschätzung, dass Sport in direkte Verbindung mit der Gesundheit des Menschen gebracht werden kann. Es wurde die erste Form einer Leibeserziehung eingeführt und an den Unterrichtsstätten (= Gymnasion) bzw. den Ringplätzen (Palästra) wurde Sport zu einem wichtigen Lehrfach. In den frühen Jahren des Römischen Reiches wurde die Leibeserziehung zum Bestandteil der militärischen Ausbildung. Bevorzugte Sportarten waren Schwimmen, Laufen und der Umgang mit Pfeil und Bogen bzw. Schwert und Speer.

Zeitraum ab 300 nach Chr.

Das Christentum bestimmte zunehmend die alte Welt und wurde im Jahr 380 nach Chr. sogar als Staatsreligion im Römischen Reich eingeführt. Das Christentum stellte sich nicht gegen sportliche Aktivitäten, aber trotzdem entwickelte sich in der Bevölkerung eine Abneigung gegen jegliche Art von Sport. Sportveranstaltungen, wie z. B. die Olympiade der Griechen oder die Schaukämpfe der Römer, wurden als Quälerei betrachtet und im Jahr 394 nach Chr. sogar verboten.

Zeitraum 500 - 1000

Die sportliche Ertüchtigung tritt wieder in den Vordergrund, wird allerdings von den adeligen Herrschaften vorrangig als Jagdveranstaltung oder kämpferische Zweikämpfe durchgeführt.

Zeitraum 1000 - 1800

Die Gesellschaft verändert sich und entdeckt den Sport wieder als gesellschaftsfähig. Das Rittertum lebt seine sportlichen Aktivitäten in ritterlichen Turnieren aus, das Bürgertum dagegen entdeckt u. a. das Tanzen als körperliche Aktivität. Aus dieser Zeit stammen auch die unzähligen Volkstänze der bäuerlichen Bevölkerung. Die Leibeserziehung wird in den Schulen wieder zum regelmäßigen Unterrichtsfach.

Zeitraum ab 1800

In der Bevölkerung breitet sich ein neues Bild des Lebens und der Bildung aus. Sport, insbesondere die Gymnastik, gewinnen stark an Bedeutung. So wird das Fach Leibeserziehung an allen Schulen als Bildungsauftrag verpflichtend eingeführt, und die ersten Turnvereine werden gegründet. Der wohl bekannteste Vertreter dieses neuen Bildungsauftrags ist der deutsche Pädagoge Friedrich Ludwig Jahn (* 11.08.1778 - † 15.10.1852), besser bekannt als „Turnvater Jahn".

Der älteste, noch bestehende Sportverein, ist die Hamburger Turnerschaft von 1816 (HT 16). Der Verein wurde am 02.09.1816 in Hamburg gegründet und ist somit bereits 204 Jahr alt. Mit der Gründung von Vereinen wurden auch Einzel- und Mannschaftswettbewerbe, mit festen ausgearbeiteten Regeln, eingeführt.

Zeitraum ab 1900

Durch die industrielle Revolution änderte sich auch das gesellschaftliche Leben und die Einsteilung zur sportlichen Betätigung. Sport wurde zu einer eigenen Kultur. Der französische Pädagoge Pierre de Fredy, Baron de Coubertin (* 01.01.1863 - † 02.09.1937) verlieh dem Gedanken der antiken olympischen Spiele ein neues, modernes Ansehen. Er wurde am 23.06.1894 zum Gründer des

Olympische Komitee der Neuzeit (IOC), dessen 2. Präsident er von 1896 - 1925 war.

In der Zeit vom 06.04. - 15.04.1896 fanden in Athen die 1. Olympischen Sommerspiele der Neuzeit statt, fast 1.500 Jahre, nachdem Kaiser Theodosius I. die Spiele im alten Rom verboten hatte. Die Olympischen Spiele der Neuzeit finden seitdem all vier Jahre (Krisenzeiten ausgenommen) statt und werden heute als das wichtigste Event in der Sportwelt betrachtet.

Aufstellung der Olympischen Sommerspiele der Neuzeit ab 1896

Jahr	Ort	Nationen
1896	Athen	14
1900	Paris	24
1904	St. Louis	12
1906	Athen	21
1908	London	28
1912	Stockholm	23
1916	ausgefallen *	--
1920	Antwerpen	29
1924	Paris	44
1928	Amsterdam	46
1932	Los Angeles	37

1936	Berlin	49
1940	ausgefallen **	--
1944	ausgefallen **	--
1948	London	59
1952	Helsinki	69
1956	Melbourne/ Stockholm ***	72/29
1960	Rom	83
1964	Tokio	93
1968	Mexico (Stadt)	112
1972	München	121
1976	Montreal	92
1980	Moskau	80
1984	Los Angeles	140
1988	Seoul	159
1992	Barcelona	169
1996	Atlanta	197
2000	Sydney	199
2004	Athen	202
2008	Peking	204
2012	London	204
2016	Rio de Janeiro	207

2021 Tokio****, 2024 Paris, 2028 Los Angeles

* ausgefallen wegen 2. Weltkrieg

Mittlerweile werden auch Sommer- und Winterspiele für behinderte Sportler durchgeführt. Die Paralympischen Sommerspiele gibt es seit dem Jahr 1960, die Paralympischen Winterspiele seit dem Jahr 1976. Beide Wettkämpfe werden seit den 80iger Jahren des letzten Jahrhunderts direkt nach den Sommer- bzw. Winterspielen der nicht behinderten Sportler durchgeführt. Sie werden allerdings nicht durch das IOC, sondern von dem Internationalen Paralympischen Komitee (IPC) durchgeführt.

Aufstellung der Paralympischen Sommerspiele ab 1960

Jahr	Ort
1960	Rom
1964	Tokio
1968	Tel Aviv
1972	Heidelberg
1976	Toronto
1980	Arnheim
1984	Hempstedt/Mandeville
1988	Seoul
1992	Barcelona
1996	Atlanta

2000	Sydney
2004	Athen
2008	Peking
2012	London
2016	Rio de Janeiro
2021	Tokio *
2024	Paris
2028	Los Angeles

* verlegt aufgrund Corona - Epidemie

Aufstellung der Paralympischen Winterspiele ab 1976

Jahr	Ort
1976	Örnsköldsvik
1980	Geilo
1984	Innsbruck
1988	Innsbruck
1992	Albertville
1994	Lillehammer
1998	Nagano
2002	Salt Lake City
2006	Turin

ÜBUNGEN (75 + 1)

Frage 1	**Antwort**	
Wie bezeichnet man eine Funktion menschlichen Gedächtnis?	A	Sensibles Gedächtnis
	B	Sensorisches Gedächtnis
	C	Systematisches Gedächtnis

Frage 2	**Antwort**	
Wie bezeichnet man die Fähigkeit des Gehirns Informationen zu speichern?	A	Langzeitgedächtnis
	B	Linkes Gedächtnis
	C	Laufendes Gedächtnis

Frage 3	**Antwort**	
Wie bezeichnet man eine der insgesamt vier Lerntypen?	A	Materieller Lerntyp
	B	Muskulöser Lerntyp
	C	Motorischer Lerntyp

Frage 4	Antwort	
Was ist eine Epoche innerhalb der Literatur?	A	Wind und Drang
	B	Sturm und Drang
	C	Drang und Sturm

Frage 5	Antwort	
Welche Zeitspanne wird als Barock bezeichnet?	A	1600 - 1720
	B	1350 - 1600
	C	1815 - 1848

Frage 6	Antwort	
Wie lautet die korrekte Zeitenfolge innerhalb der Literaturepochen?	A	Romantik, Biedermeier, Barock
	B	Barock, Romantik, Biedermeier
	C	Biedermeier, Barock, Romantik

Frage 7	Antwort	
Was war Johann Wolfgang von Goethe beruflich?	A	Dichter und Schriftsteller
	B	Denker und Buchdrucker
	C	Forscher und Sammler

Frage 8	Antwort	
Wie bezeichnet man eine Kunstform des Altertums	A	Grafische Form
	B	Geologische Form
	C	Geometrische Form

Frage 9	Antwort	
Wer war Walter von der Vogelweide?	A	Ein Minnesänger
	B	Ein Minister
	C	Ein Magister

Frage 10	Antwort	
Welche Gruppe gehört zu den berühmte Komponisten des Barocks?	A	Mozart, Beethoven, Haydn
	B	Vivaldi, Bach, Händel
	C	Verdi, Liszt, Wagner

Frage 11	Antwort	
Wann entstand die Erde?	A	Vor etwa 15 Milliarden Jahre
	B	Vor etwa 7 Milliarden Jahre
	C	Vor etwa 13,7 Milliarden Jahre

Frage 12	Antwort	
Wie entstand die Erde?	A	Durch einen Unfall
	B	Durch einen Urbums
	C	Durch einen Urknall

Frage 13	Antwort	
Wer war Begründer der Relativitätstheorie?	A	Albert Einstein
	B	Max Planck
	C	Marie Curie

Frage 14	Antwort	
Wie groß ist der Umfang der Erde?	A	Etwa 35.000 km
	B	Etwa 40.000 km
	C	Etwa 43.000 km

Frage 15	Antwort	
Wie groß ist der Umfang des Mondes?	A	3.476 km
	B	5.212 km
	C	3.127 km

Frage 16	**Antwort**	
Wie viele Planeten kreisen um die Sonne?	A	7
	B	8
	C	9

Frage 17	**Antwort**	
Aus was besteht ein Asteroid?	A	Gestein und Metall
	B	Gas und Eis
	C	Gestein und Gas

Frage 18	**Antwort**	
Wie ist die Umlaufbahn der Planeten um die Sonne?	A	Kreisförmig
	B	Ellipsenförmig
	C	Unterschiedlich

Frage 19	**Antwort**	
Wie lange ist die Umlaufzeit der Erde um die Sonne?	A	412 Tage
	B	380 Tage
	C	365 Tage

Frage 20	**Antwort**	
Wie ist die Erde von außen nach innen aufgebaut?	A	Erdkern, Erdmantel, Erdkruste
	B	Erdmantel, Erdkruste, Erdkern
	C	Erdkruste, Erdmantel, Erdkern

Frage 21	**Antwort**	
Wieviel Kontinente gibt es auf der Erde?	A	6
	B	7
	C	8

Frage 22	Antwort	
Welcher Kontinent der Erde ist flächenmäßig der größte?	A	Asien
	B	Afrika
	C	Europa

Frage 23	Antwort	
Welche Nation auf der Erde ist flächenmäßig die größte?	A	Russland
	B	Kanada
	C	China

Frage 24	Antwort	
Wie heißt die Hauptstadt von Brasilien?	A	Buenos Aires
	B	Rio de Janeiro
	C	Brasilia

Frage 25	Antwort	
Welcher Ozean ist flächenmäßig der größte?	A	Atlantischer Ozean
	B	Pazifischer Ozean
	C	Indischer Ozean

Frage 26	Antwort	
Wo liegt die tiefste Stelle der Erde?	A	Marianengraben
	B	Tongagraben
	C	Boningraben

Frage 27	Antwort	
Welcher Berg ist der höchste auf der Erde?	A	Mount Everest
	B	Nanga Parbat
	C	K2

Frage 28	Antwort	
Welche Länder liegen geografisch auf zwei Kontinenten?	A	Russland, Türkei, Kasachstan
	B	Russland, Türkei, Georgien
	C	Türkei, Georgien, Aserbeidschan

Frage 29	Antwort	
Wie viele Menschen leben auf der Erde?	A	7,2 Milliarden
	B	7,5 Milliarden
	C	7,8 Milliarden

Frage 30	Antwort	
Wie heißen die drei bevölkerungsreichsten Länder der Welt?	A	China, USA, Russland
	B	Indien, Indonesien, Pakistan
	C	China, USA, Indien

Frage 37	Antwort	
Was versteht man unter dem Begriff „Klerus"?	A	Adelige Herrscher
	B	Geistliche Würdenträger
	C	Ritter im Mittelalter

Frage 38	Antwort	
Wer war Peter der Große?	A	Eroberer von Amerika
	B	Schriftsteller aus Deutschland
	C	Zar von Russland

Frage 39	Antwort	
Wann fand die Völkerschlacht von Leipzig statt?	A	1813
	B	1850
	C	1913

Frage 40	**Antwort**	
Wer war der 1. Präsident der USA?	A	Abraham Lincoln
	B	George Washington
	C	John Adams

Frage 41	**Antwort**	
Von wann bis wann wütete der 1. Weltkrieg statt?	A	1913 - 1917
	B	1914 - 1918
	C	1915 - 1919

Frage 42	**Antwort**	
Von wann bis wann wütete der 2. Weltkrieg statt?	A	1938 - 1944
	B	1938 - 1945
	C	1939 - 1945

Frage 43	Antwort	
Wann wurde die Berliner Mauer errichtet?	A	13.08.1961
	B	15.07.1962
	C	17.09.1965

Frage 44	Antwort	
Wer betrat als 1. Mensch den Mond?	A	Neil Armstrong
	B	Buzz Aldrin
	C	Alan Shepard

Frage 45	Antwort	
Wann wurde die Bundesrepublik Deutschland gegründet?	A	1950
	B	1949
	C	1948

Frage 46	Antwort	
Wann erfolgte offiziell die deutsche Wiedervereinigung?	A	03.10.1990
	B	30.08.1989
	C	03.09.1980

Frage 47	Antwort	
Wieviel Weltwunder der Antike gab / gibt es?	A	6
	B	7
	C	8

Frage 48	Antwort	
Was zählt als Weltwunder der „Neuen Zeit"?	A	Kolosseum in Rom
	B	Schiefe Turm von Pisa
	C	Opernhaus in Mailand

Frage 49	Antwort	
Was zählt als Weltwunder der „Modernen Zeit"?	A	Empire State Building
	B	Opernhaus in Sydney
	C	Elbphilharmonie in Hamburg

Frage 50	Antwort	
Was zählt als Weltwunder der „Natur"?	A	Lüneburger Heide
	B	Halong Bucht in Vietnam
	C	Sahara

Frage 51	Antwort	
Welche politische Funktion bekleidete Otto von Bismarck?	A	Bundeskanzler
	B	Reichskanzler
	C	Reichspräsident

Frage 52	Antwort	
Wann wurde das Grundgesetz der BRD in Kraft gesetzt?	A	23.05.1949
	B	24.05.1949
	C	01.06.1949

Frage 53	Antwort	
Wer war der 1. Bundeskanzler der BRD?	A	Konrad Adenauer
	B	Ludwig Erhardt
	C	Gustav Stresemann

Frage 54	Antwort	
Wie viel Sitze hat der Aktuelle Deutsche Bundestag	A	690
	B	709
	C	720

Frage 61	**Antwort**	
Wann wurde die Europäische Union (EU) gegründet?	A	1993
	B	1990
	C	1957

Frage 62	**Antwort**	
In welchen Paragrafen des Grundgesetzes ist die Verfassung der BRD geregelt?	A	1, 20, 20a
	B	20 - 37
	C	70 - 91

Frage 63	**Antwort**	
Wer bekleidet protokollarisch das höchste politische Amt in der BRD?	A	Bundeskanzler
	B	Bundespräsident
	C	Bundestagspräsident

Frage 64	Antwort	
Wo befinden sich die beiden Amtssitze des Bundespräsidenten?	A	Berlin und Bonn
	B	Berlin und Frankfurt
	C	Berlin und Leipzig

Frage 65	Antwort	
Wie groß ist der aktuelle Bevölkerungsstand der BRD?	A	Etwa 90 Million
	B	Etwa 88 Millionen
	C	Etwa 83 Million

Frage 66	Antwort	
Wo befinden sich die beiden Amtssitze des Bundeskanzlers?	A	Berlin und Leipzig
	B	Berlin und Frankfurt
	C	Berlin und Bonn

Printed in Poland
by Amazon Fulfillment
Poland Sp. z o.o., Wrocław

74950190R10154